DÉLASSEMENTS
INSTRUCTIFS

—

BIBLIOTHÈQUE

DES

ÉCOLES CHRÉTIENNES

APPROUVÉE

PAR S. ÉM. LE CARDINAL ARCHEVÊQUE DE TOURS

—

2ᵉ SÉRIE

Le Télégraphe aérien.

DÉLASSEMENTS

INSTRUCTIFS

—

LES TÉLÉGRAPHES. — LES FEUX DE GUERRE

PAR

M. ARTHUR MANGIN

TOURS

A^d MAME ET Cie, IMPRIMEURS-LIBRAIRES

—

1855

LES TÉLÉGRAPHES

I

Usage primitif des signaux chez les anciens et au moyen âge. — Théories et essais de télégraphie dans les temps modernes. — Gaspar Schott, Becher, Hoffmann, Hooke. — Guillaume Amontous. — Guillaume Marcel. — Georges-Louis Lesage. — Lomond. — Dom Gauthey. — Linguet. — Dupuis. — Bergstrasser. — Les télégraphes humains.

On a quelquefois abusé de cet adage si connu : *Il n'y a rien de nouveau sous le soleil.* C'est à tort que certains auteurs se sont abandonnés à la manie de chercher et de trouver dans les obscures profondeurs du passé l'origine des créations humaines les plus incontestablement modernes. Ce serait à la vérité tomber dans une autre erreur non moins grave que de nier la filiation des œuvres scientifiques, artistiques et littéraires, et de nous prétendre assez puissants et assez riches par nous-mêmes pour ne rien devoir aux générations qui nous ont précédés; mais entre ces deux extrèmes il y a un milieu où l'on doit s'arrêter pour rendre à chacun ce qui lui appartient : tenir compte aux anciens des enseignements qu'ils nous ont légués, des germes qu'ils ont semés; aux modernes, du parti qu'ils ont su tirer des premiers, et du développement gigantesque qu'ils ont donné aux seconds.

Pour ce qui est de la télégraphie, c'est-à-dire, en prenant ce mot dans son sens le plus général, de l'art de correspondre à distance, on en trouve assurément les premiers rudiments dans l'origine des sociétés, et l'on sait que de bonne heure les hommes s'ingénièrent à combiner des moyens de se transmettre rapidement à travers l'espace des nouvelles importantes. De là l'usage des signaux dont les peuples les plus barbares et les plus ignorants ont fait usage, soit dans leurs migrations, soit dans leurs guerres. Ces signaux ne furent longtemps que des feux allumés sur des hauteurs, et n'eurent d'abord d'autre signification que d'annoncer, d'après des conventions antérieures, une victoire ou une défaite, ou de donner l'alarme, d'appeler du secours, etc. On est libre d'appeler cela de la télégraphie, mais on conviendra qu'elle était fort élémentaire, et ne ressemblait pas plus à notre télégraphe électrique que les chariots des Scythes à nos locomotives, ou le radeau d'Ozoüs à nos bateaux à vapeur.

Les Grecs furent les premiers qui donnèrent à cet art quelques développements en ajoutant aux phares et aux fanaux des signes (σημεῖα), tels que des drapeaux de diverses couleurs auxquelles étaient rapportées des significations déterminées. C'est à eux que l'on doit l'idée et les premiers essais d'une télégraphie alphabétique. Après eux les Carthaginois et les Romains se servirent aussi de signaux pour transmettre à des corps d'armée éloignés des ordres, des avertissements, des nouvelles; et l'on voit encore dans un bas-relief de la célèbre colonne Trajane l'image d'un poste télégraphique romain. Un officier commande les manœuvres, qui s'exécutent au moyen d'une torche de poix-résine sortant par la lucarne d'une guérite à deux étages. Les Gaulois, au rapport de César, se servaient de signaux lumineux pour s'informer entre eux des mouvements de l'ennemi; pour les nouvelles plus compliquées, ils avaient recours à un procédé non moins simple, non moins ingénieux et presque aussi rapide, mais qui par sa nature se rapproche plutôt de nos *postes* actuelles que de nos télégraphes : des sentinelles placées de distance en distance se transmettaient de vive voix la nouvelle, qui passait ainsi de bouche en bouche avec une grande célérité : par ce moyen le massacre des Romains à Orléans au lever du soleil, fut connu le soir même en Auvergne, à 160 kilomètres de distance.

L'usage des signaux est plus ancien encore en Asie qu'en Europe, et la connaissance que les Indiens et les Chinois avaient depuis long-temps des mélanges combustibles et fulminants, leur permit sans doute d'obtenir des résultats plus complets et plus multipliés. Les Chinois avaient élevé des phares sur la *grande muraille*, afin de pouvoir au besoin donner l'alarme en quelques heures à toute cette partie de leurs frontières, longue de 752 kilomètres. Le farouche conquérant Timour-Lenk, lorsqu'il faisait un siége, n'employait pour parlementer avec les habitants de la ville que trois signaux, dont le sens était aussi net que terrible : le premier était un drapeau blanc; il voulait dire : *Rendez-vous sur l'heure, et l'on vous fera grâce.* Après une journée de résistance, le khan faisait hisser un pavillon rouge, emblème du sang des chefs qui devraient être livrés à la mort pour sauver le reste de la population. Enfin, le troisième jour, paraissait un drapeau noir, symbole de mort et de destruction.

Le perfectionnement de l'art télégraphique ne fut, jusqu'au xviiᵉ siècle de l'ère chrétienne, l'objet d'aucune étude sérieuse et raisonnable; car nous ne pouvons donner ce nom aux chimères proposées par quelques adeptes des sciences occultes, tels que Paracelse, Maxwel, Santanelli, qui prétendaient faire lire à des personnes éloignées de 400 kilomètres des lettres magnétisées; et Porta, qui voulait correspondre avec les habitants de la lune à l'aide de miroirs. La tradition des recherches pratiques fut reprise vers 1640, par le Père Gaspar Schott, et par le docteur Becher, médecin de l'électeur de Mayence. Ces deux savants proposèrent de se servir, le jour de bottes de paille, et la nuit de lanternes qu'on ferait glisser sur cinq mâts portant chacun cinq divisions dont chacune répondrait à l'un des signes d'un vocabulaire convenu. A la même époque, un compatriote de Becher, le docteur Hoffmann, et le mécanicien anglais Hooke, inventèrent un système de signaux mobiles. Un des physiciens français les plus distingués du xviie siècle, Guillaume Amontons (1), imagina, vers 1790, « un moyen de faire savoir tout ce qu'on voudrait à une très-grande dis tance, par exemple de Paris à Rome, en très-peu de temps, comme en trois ou quatre heures, et même sans que la nouvelle fût sue dans tout l'espace d'entre deux... Le secret consistait à disposer dans plusieurs postes consécutifs des gens qui, par des lunettes de longue-vue, ayant aperçu certains signaux du poste précédent, les transmissent au suivant, et toujours ainsi de suite; et ces différents signaux étaient autant de lettres d'un alphabet dont on n'avait le chiffre qu'à Paris et à Rome. La plus grande portée des lunettes faisait la distance des postes, dont le nombre était le moindre qu'il fût possible; et comme le second poste faisait des signaux au troisième à mesure

____

(1) Né à Paris le 31 août 1663, mort le 11 octobre 1705.

qu'il en recevait du premier, la nouvelle se trouvait portée de Paris à Rome presque en aussi peu de temps qu'il en fallait pour faire les signaux à Paris (1). »

Malheureusement Amontons avait, selon son spirituel panégyriste, « une entière incapacité de se faire valoir autrement que par ses ouvrages, et de faire sa cour autrement que par son mérite, et par conséquent une entière incapacité de faire fortune. » Deux expériences de son système télégraphique eurent lieu successivement, la première en présence du dauphin fils de Louis XIV, la seconde sous les yeux de ce même prince et de la dauphine. L'une manqua complétement, par la timidité de l'inventeur, que déconcertèrent la pompe et la foule brillante dont il se vit entouré; l'autre réussit mieux, mais la cour n'y vit qu'un amusement ingénieux ; personne ne s'avisa que cette découverte fût susceptible d'applications utiles à l'État, et Amontons lui-même cessa de s'en occuper.

Très-peu de temps après, un autre savant français adressa à Louis XIV un mémoire et une supplique sur le même sujet. Il se nommait Guil-

(1) Fontenelle, Éloge d'Amontons.

laume Marcel. Après avoir, en qualité d'avocat au conseil, fait partie d'une ambassade à Constantinople, et avoir conclu directement avec le dey d'Alger le traité qui rouvrit à notre commerce les portes de l'Orient, il avait été nommé commissaire maritime à Arles. Là il se livra à des travaux d'érudition, et composa sur la chronologie ecclésiastique et sur l'histoire plusieurs ouvrages importants. Là aussi il conçut et rédigea le plan d'une machine capable de transmettre à une grande distance et *avec la rapidité de la pensée*, soit pendant le jour, soit pendant la nuit, des nouvelles et des instructions assez longues. Ce plan, envoyé au roi avec un mémoire explicatif et un procès-verbal des expériences exécutées à Arles, ne fut pas même examiné. Marcel n'en reçut point de nouvelles, et mourut en 1708, sans laisser de sa découverte d'autre monument qu'un livre écrit en latin sous le titre de *Citatæ per aera decursiones*. C'était un recueil de signaux dont sa femme et quelques amis possédaient seuls le secret, qu'ils ne divulguèrent point. Guillaume Marcel était né à Toulouse en 1647. Il est regardé comme le premier chronologiste de son siècle, et possédait, entre autres facultés éminentes, une mémoire si prodigieuse, qu'il pouvait désigner par leur nom tous les soldats d'un bataillon, pourvu que ceux-ci eussent défilé une fois devant lui en se nommant tour à tour. Il savait sept langues, dans chacune desquelles il dictait en même temps à sept personnes; enfin, il exécutait mentalement en quelques instants les calculs arithmétiques les plus longs et les plus compliqués.

Après les tentatives infructueuses d'Amontons et de Marcel, plus de cinquante années s'écoulent, pendant lesquelles le problème de la télégraphie semble complétement oublié. Il reparaît pendant la seconde moitié du xviii° siècle, au milieu de ce prodigieux mouvement intellectuel qui n'a fait depuis que grandir et s'étendre. A cette époque, la découverte de la transmissibilité du fluide électrique à l'aide des corps appelés *conducteurs*, vint ouvrir aux recherches télégraphiques une voie nouvelle, qui ne devait être un instant abandonnée que pour être bientôt après définitivement reprise. Georges-Louis Lesage, professeur de physique et de mathématiques à Genève, établit dans cette ville, en 1774, un véritable télégraphe électrique composé de vingt-quatre fils métalliques enveloppés d'une substance isolante, et dont chacun aboutissait à un électromètre correspondant à une des lettres de l'alphabet. Les boules des électromètres étaient impressionnées par une machine électrique ou par un corps électrisé mis en contact avec l'extrémité opposée des fils métalliques.

Lesage fit part de son invention à plusieurs savants de ses amis, entre autres à d'Alembert, qui lui conseilla d'en faire hommage au roi de Prusse Frédéric II; mais ce monarque était alors entièrement absorbé par les préoccupations de la guerre et de la politique, et Lesage voulut attendre un moment plus opportun, qui ne vint point. En 1787, Lomond, physicien français, conçut une idée semblable, ou peut-être reprit celle de Lesage, et lui donna un commencement d'exécution. L'écrivain anglais Arthur Young décrit en ces termes, dans son *Voyage en France*, le procédé de Lomond :

« Vous écrivez deux ou trois mots sur le papier, il les prend avec lui dans une chambre, et tourne une machine dans un étui cylindrique au haut duquel est un électromètre avec une jolie balle en moelle de plume ; un fil d'archal est joint à un pareil cylindre placé dans un appartement éloigné, et sa femme, en remarquant les mouvements de la balle qui y correspond, écrit les mots qu'ils indiquent : d'où il paraît qu'il a formé un alphabet du mouvement. Comme la longueur du fil d'archal ne fait aucune différence sur l'effet, on pourrait entretenir une correspondance de fort loin, par exemple avec une ville assiégée, ou pour des objets beaucoup plus dignes d'attention ou mille fois plus innocents... Quel que soit l'usage qu'on en pourra faire, la découverte est admirable. »

Cinq ans auparavant, dom Gauthey, religieux bénédictin de l'abbaye de Cîteaux, avait proposé à l'Académie des sciences de Paris un moyen moins rapide, mais plus simple, plus facile et plus direct, de s'entretenir avec des personnes placées à des distances quelconques. Le moyen était basé sur la transmissibilité du son dans un tube qui l'empêche de se disperser. Dom Gauthey proposait d'établir des lignes de tuyaux métalliques à travers lesquels

on pourrait, de poste en poste, se communiquer des avis sans autre secours que celui de
la voix humaine. Sur un rapport favorable de
l'Académie, Louis XVI ordonna des épreuves.
Un essai fut exécuté à l'aide d'un des conduits
servant à distribuer l'eau puisée par la pompe
de Chaillot ; ce conduit avait 779 mètres
de long. Le résultat justifia pleinement les
promesses du moine, qui demanda que de
nouvelles expériences fussent faites, mais cette
fois avec une série de tubes occupant une
étendue de 584,700 mètres. La voix, disait-il,
arriverait distincte et forte d'une extrémité à
l'autre en moins d'une heure. L'établissement
de cet immense canal *téléphonique* parut trop
onéreux pour l'État, et le gouvernement refusa
de l'entreprendre. C'était une inconséquence,
et il eût autant valu s'abstenir de tout essai,
puisqu'après le succès on agissait comme on
eût fait en cas de non-réussite. Dom Gauthey
s'adressa au public, ouvrit une souscription ;
mais le public avait déjà porté sur un autre
objet son éphémère enthousiasme, et la souscription ne fut pas remplie. Le malheureux
bénédictin partit pour l'Amérique, où il espérait

rencontrer plus de sympathie. Il y fit imprimer l'exposé de son système ; mais dans le nouveau monde, pas plus que dans l'ancien, il ne put parvenir à triompher de l'indifférence opiniâtre de ses contemporains. Son nom est oublié aujourd'hui, ainsi que sa découverte, fondée pourtant sur une loi physique dont la réalité fut plus tard démontrée d'une manière irréfragable par MM. Jobard, Biot et Hassenfratz. Le premier a constaté que le mouvement d'une montre placée à une extrémité d'un tube métallique de 16 mètres, s'entend très - distinctement à l'autre extrémité. Les deux derniers ont entretenu une conversation à *voix basse* en se mettant aux deux bouts opposés d'un tube d'un kilomètre de long, et cela sans être obligés, pour entendre ou se faire entendre, d'appliquer l'oreille ou la bouche contre l'orifice. D'ailleurs, l'effet de nos instruments à vent prouve que le son, loin de s'affaiblir dans des conduits métalliques, gagne en intensité, surtout lorsque l'instrument est fait d'un métal vibrant, comme le cuivre ou le laiton. Le procédé de dom Gauthey était donc parfaitement rationnel ; il était en outre d'une appli-

cation facile et médiocrement dispendieuse;
mais il eut le malheur de se produire dans un
moment où l'utilité d'un système de correspondances rapides et fréquentes n'était pas suffisamment démontrée, et où, dans la multitude
des choses nouvelles qui surgissaient chaque
jour, le public prenait au hasard celles qu'il
lui plaisait d'honorer de son attention et de sa
confiance. Depuis lors, la découverte d'un
moyen de communication incontestablement
plus rapide et indéfiniment susceptible d'amé-
lioration, a scellé pour jamais sans doute la
pierre sur cette belle invention ; mais l'auteur
ne mérite pas moins d'être mis au rang des
hommes qui, par leur dévouement et leur
génie, ont bien mérité de leurs semblables.

Parmi les précurseurs de la télégraphie con-
temporaine, nous devons citer encore le célèbre
avocat et journaliste Linguet, qui, enfermé à
la Bastille en 1783, avait offert, pour obtenir
sa grâce, au ministre Maurepas, « un moyen
de transmettre aux distances les plus éloignées des nouvelles de quelque espèce et de
quelque longueur qu'elles fussent, avec une
rapidité presque égale à l'imagination ; » offre

dont on ne tint aucun compte; — Dupuis, auteur de *l'Origine des Cultes*, qui, en 1788, établit sur sa maison à Belleville un appareil pour correspondre avec un de ses amis demeurant à Bayeux; — enfin, Bergstrasser, professeur à Hanau, qui publia de 1784 à 1788, sous le nom de *Synthématographie*, plusieurs volumes sur l'art d'entretenir à distance des communications promptes à l'aide de signaux répondant à un langage abrégé. Il eut le mérite de créer un alphabet de chiffres fort ingénieux, qu'il nomma *Tessaropentade*, parce qu'il était fondé sur la combinaison des unités par quatre et par cinq; mais il eut le tort d'oublier qu'à l'abréviation des signes du langage doit, en fait de télégraphie, se joindre un système de manœuvres promptes et simples: non content d'employer d'abord le feu, la fumée, les cloches, les trompettes, le canon, les fanaux, les pavillons, la musique, etc., il en vint à transformer un régiment tout entier en une machine vivante, à laquelle il fit exécuter, en présence du prince de Hesse-Cassel, des manœuvres soi-disant télégraphiques. Le prince en pensa mourir de rire.

Cette idée plus que bizarre trouva quelque temps après un imitateur dans un certain baron Boucheroeder, qui voulut dresser de la même façon un régiment de chasseurs hollandais dont il était colonel. Les rhumatismes, les pleurésies et la désertion eurent bientôt fait dans les rangs des vides immenses; le peu d'hommes qui restait se mit en état de rébellion. Le colonel se rend à Vienne, demande une audience à l'empereur, et se plaint amèrement de l'insubordination de ses soldats. L'empereur le croit fou et l'éconduit sans daigner lui répondre. On assure que le pauvre colonel en conçut un dépit qui le conduisit au tombeau.

II

Télégraphie aérienne. — Claude Chappe. — Le télégraphe au séminaire. — Les frères Chappe à Paris. — Établissement d'une première ligne télégraphique de Paris à Lille. — Développements successifs de la télégraphie aérienne en France. — Structure et manœuvre du télégraphe de Chappe. — Ses avantages et ses inconvénients. — Moyens proposés et mis en pratique pour éclairer la nuit le télégraphe aérien. — M. J. Guyot. — M. Chatau. — Le télégraphe aérien en Italie, en Espagne, en Allemagne, en Suède, en Angleterre, en Turquie, en Égypte, en Russie, etc.

« Ceux-là sont les inventeurs, dit un publiciste, qui exécutent ce qu'on ne connaissait auparavant que comme une chose possible. » A ce compte, on ne peut refuser à l'abbé Chappe le titre d'inventeur du télégraphe. Ce titre ne lui a d'ailleurs jamais été contesté que par quelques envieux de bas étage, et à l'aide d'arguments puérils ; mais l'Europe entière a salué en lui l'homme ingénieux et savant auquel les peuples ont dû un des plus puissants moyens de communication et de progrès dont notre

époque se voit enrichie. Sans doute le télégraphe ne sortit pas tout formé de son cerveau, comme Minerve du cerveau de Jupiter ;
mais ce qu'on ne saurait lui disputer, c'est le
mérite, médiocre aux yeux des ignorants et
des jaloux, immense au jugement de qui sait
apprécier les œuvres de l'esprit, d'avoir résumé, épuré les idées de ses devanciers, de
leur avoir donné le corps et le mouvement,
d'en avoir fait, en un mot, une réalité pratique, de conceptions vagues, de théories
vaines qu'elles étaient demeurées jusque-là.

Claude Chappe était neveu du savant Chappe
d'Auteroche, qui mourut en Californie, vic-
time de son dévouement à la science. Il naquit
à Brûlon (Maine) en 1763. Destiné par son
père à l'état ecclésiastique, il fit ses études au
séminaire, tandis que ses frères étaient placés
dans un pensionnat à quelque distance. Les
deux établissements étaient situés de telle sorte
qu'on pouvait aisément correspondre par signes
de l'un à l'autre. Le jeune Claude, doué
d'un esprit actif et inventif, eut bientôt imaginé et construit un appareil destiné à établir
entre ses frères et lui des rapports plus fré-

quents et plus suivis que ne l'eût permis sans
cela l'austère discipline du séminaire. Cet appareil était formé de trois règles en bois, l'une
tournant sur un pivot vertical, les deux autres,
plus courtes de moitié, adaptées à chaque extrémité de la première, et également mobiles.
Les diverses positions que pouvaient prendre
ces trois pièces combinées fournissaient à nos
écoliers 192 signes, qui suffisaient aux besoins
de leur correspondance.

Après avoir pris ses grades et reçu les ordres,
Claude obtint à Provins et à Bagnolet deux
bénéfices dont il consacra les revenus à satis-
faire son goût pour les sciences. Plusieurs mémoires intéressants, publiés dans le *Journal
de physique*, lui ouvrirent bientôt les portes de
quelques sociétés savantes, entre autres de la
société Philomathique. Bientôt éclata la révolution. Privé de ses bénéfices, Claude Chappe
rentra dans sa famille, et, comme ses frères
s'étaient vus ainsi que lui atteints dans leur
position par les événements, il songea à tirer
parti pour eux et pour lui-même de l'invention
qui n'avait d'abord été à leurs yeux qu'un jeu
d'enfants. Deux de ses frères, Abraham et René,

s'unirent à lui pour perfectionner et utiliser, s'il était possible, la machine télégraphique. Celle dont ils s'étaient servis naguère leur paraissant trop imparfaite, ils essayèrent successivement plusieurs autres procédés, et firent, à l'aide de l'électricité, quelques expériences dont le seul résultat fut de vider leur bourse. Ils en revinrent alors au télégraphe aérien, et en firent pour la première fois, dans le parc de Brûlon, un essai qui parut décisif. Un procès-verbal fut dressé et signé par les fonctionnaires municipaux du lieu, et les trois frères Chappe se rendirent à Paris. On était à la fin de l'année 1791. Un premier appareil fut installé à la barrière de l'Étoile; des hommes masqués l'enlevèrent pendant la nuit, sans qu'on ait pu savoir qui ils étaient, ni quel motif les avait poussés à cet acte odieux de violence et de vandalisme. Au commencement de l'année suivante, une nouvelle machine fut construite, et placée dans le parc de Saint-Fargeau, à Ménilmontant. Elle eut, comme la précédente, une fin tragique. Quelques sans-culottes exaltés du voisinage virent dans ces pièces de bois sans cesse en mouvement un engin contre-révolutionnaire. Ils firent un matin irruption dans le parc, brûlèrent le télégraphe, et manifestèrent à l'égard des inventeurs des intentions si peu bienveillantes, que ceux-ci jugèrent prudent de se retirer.

Ces deux échecs pourtant, loin de décourager l'abbé Chappe, ne firent qu'exciter son ardeur. Il redoubla d'efforts, et parvint à soutenir le zèle de ses frères, près de défaillir. Heureusement, un quatrième des leurs (ils étaient nombreux dans cette famille) fut, sur ces entrefaites, envoyé à l'Assemblée législative par le département de la Sarthe. Grâce au crédit du nouveau représentant, ils furent autorisés à établir à leurs frais trois postes télégraphiques, à Ménilmontant, à Écouen et à Saint-Martin-du-Tertre ; mais le plus important et le plus difficile était d'obtenir que le gouvernement voulût bien se donner la peine d'examiner leur système. Les rapports, mémoires et procès-verbaux restèrent ensevelis dans les cartons du ministère de l'instruction publique jusqu'à ce qu'enfin, en 1793, le député Romme les y découvrit par hasard, prit l'affaire à cœur, et usa de son initiative pour appeler sur le projet des

frères Chappe l'attention sérieuse de la Convention. Cette assemblée vota une somme de
6,000 fr. pour faire les frais de nouvelles expériences qui eurent lieu les 12, 13 et 14 juillet,
en présence de Daunou et de Lakanal, com-
missaires délégués. Sur le rapport de ces derniers, la Convention ordonna l'établissement
immédiat d'une ligne entre Paris et Lille,
centre principal des opérations de l'armée du
Nord. Elle en confia la direction à Claude
Chappe, qui reçut en même temps le titre d'*in-
génieur-télégraphe*, avec les appointements de
lieutenant du génie. Les travaux furent conduits
avec intelligence, exécutés avec énergie; ils ne
furent pourtant terminés qu'au bout d'une
année, et le nouveau mode de communication
ne put être inauguré que le 30 novembre 1794.
Il le fut par la nouvelle d'une victoire. Carnot
vint apporter à la Convention la dépêche télégraphique annonçant que Condé venait d'être
repris aux Autrichiens. La Convention fit répondre aussitôt que « l'armée du Nord avait
bien mérité de la patrie, » et rendit un décret
par lequel le nom de Condé était changé en
celui de *Nord-Libre.* Quelques minutes après,

on venait annoncer que la réponse et le décret
étaient parvenus à destination et avaient causé
une profonde sensation. Les Autrichiens, ne
comprenant rien à cette rapidité extraordinaire
des communications, crurent que la terrible
assemblée avait transporté son siége au milieu
du camp français.

Malgré cet éclatant début, la télégraphie
aérienne se développa assez lentement en France.
La seconde ligne, celle de l'Est, et la troisième,
celle du Midi, ne furent organisées qu'en 1798
et 1799, par le Directoire exécutif. En 1805,
Napoléon fit commencer celle de Paris à Milan :
on doit celle de Lyon au gouvernement de
Louis XVIII. La direction et l'entretien des
lignes télégraphiques devinrent ainsi graduellement l'objet d'une administration importante,
à la tête de laquelle les frères Claude, Abraham
et René Chappe furent placés dès le début. Le
premier se promenait, le soir du 23 janvier 1805,
dans un jardin, à la suite d'un dîner de savants ;
tout occupé d'une discussion qui, soulevée à
table, se prolongeait au delà du dessert, il ne
vit pas un puits dont l'orifice était à fleur de
terre, et s'y laissa tomber. On l'en retira sans

vie. Ses deux frères conservèrent leurs fonctions jusqu'en 1830, époque où les bouleversements politiques les forcèrent de nouveau à regagner leurs foyers.

Le télégraphe de Chappe se compose de trois pièces mobiles. La pièce principale, qu'on nomme *régulateur*, est longue de quatre mètres. Elle a pour point d'appui à son milieu un mât planté sur la plate-forme de l'édifice où réside le *stationnaire*. Aux extrémités du régulateur se trouvent deux branches d'un mètre de long : ce sont les *ailes* ou *indicateurs*. Ces branches sont formées de lames minces couchées les unes sur les autres et encadrées dans un châssis très-étroit. Elles joignent ainsi à une grande légèreté l'avantage de ne pas donner prise au vent. Elles sont peintes en noir. La machine est mise en mouvement à l'aide de cordes métalliques venant se fixer aux diverses parties d'un autre télégraphe appelé *répétiteur*, placé dans l'intérieur du bâtiment, et qui est, pour ainsi dire, la réduction de l'appareil principal. Ce dernier répète donc exactement tous les mouvements que le stationnaire fait exécuter à l'autre. Les différentes positions communes ou

relatives que peuvent prendre les trois branches, correspondent à des signes convenus,
dont le gouvernement se réserve le secret et
dont il change la clef à des intervalles très-
rapprochés.

Les dispositions actuelles du télégraphe
aérien en France sont encore celles qui furent
arrêtées au début par les frères Chappe, et
l'on a vainement essayé depuis d'en imaginer
de meilleures. « Le télégraphe de Chappe, dit
M. Jules Guyot, est le plus parfait de tous ceux
qui ont été inventés soit avant, soit après son
établissement. Non-seulement il est plus parfait,
mais il dépasse encore d'une perfection infinie
tous ceux qu'on a essayé d'établir ou qu'on a
établis après lui, tant en France qu'à l'étran-
ger (1). » Il présente pourtant de graves et incontestables inconvénients ; mais ces inconvénients résultent de sa nature même ; et encore
ne nous paraissent-ils tels aujourd'hui qu'en
raison des ressources infiniment plus puissantes
et plus parfaites que la science a mises récemment entre nos mains. Un de ses défauts est de
ne pouvoir être d'aucun usage lorsque, ce qui

(1) *De la télégraphie de jour et de nuit.*

arrive souvent dans nos climats, l'atmosphère vient à se charger d'humidité ; mais les interruptions que le brouillard et la pluie peuvent apporter aux communications télégraphiques , ne sont rien encore comparées à celles (bien plus fréquentes, puisqu'elles se renouvellent quotidiennement) qui résultent d'un autre phénomène tout à fait normal et régulier, la nuit. En effet, quand tout repose dans la nature, force est au télégraphe aérien de se reposer aussi : l'ennemi fût-il aux portes, la cité fût-elle en proie aux horreurs de la guerre civile, un retard dans la transmission d'un avis dût-il entraîner la ruine de la patrie, n'importe! Le télégraphe aérien dort d'un sommeil fatal, inexorable, depuis le crépuscule jusqu'au lever du soleil. Le bouleversement du monde ne le réveillerait pas : et au fait, que voulez-vous qu'il fasse? à quoi lui servirait d'agiter ses bras noirs dans l'obscurité?

Un aussi grave inconvénient ne pouvait manquer de fixer toute l'attention des hommes spéciaux ; plusieurs ont cherché avec ardeur les moyens d'y remédier, et les frères Chappe, on le pense bien, ne négligèrent rien pour apporter à leur machine un perfectionnement regardé à bon droit comme nécessaire. Néanmoins les résultats obtenus furent en général de peu de valeur. Le seul moyen qui ait paru de nature à atteindre le but proposé consiste à éclairer la nuit le télégraphe ordinaire en adaptant des fanaux aux extrémités de ses branches, en sorte que chacune des lignes formées par celles-ci soit représentée par deux points lumineux. Mais ici se présentent des difficultés sérieuses. Car, premièrement, il faut trouver une lumière assez vive pour être visible à la distance moyenne des postes télégraphiques entre eux, c'est-à-dire à douze kilomètres environ ; deuxièmement, il faut que le foyer lumineux soit immobile tandis que son enveloppe transparente suit les mouvements de la machine. Il faut enfin qu'il brûle sans interruption et avec un éclat sensiblement égal pendant toute la nuit.

Il serait hors de propos de nous livrer ici à l'examen approfondi d'un problème qui n'offre plus aujourd'hui aucun intérêt d'avenir. Disons seulement, pour ne laisser dans l'ombre aucune partie de cette intéressante histoire, quelques mots des principales tentatives faites pour réaliser la télégraphie aérienne nocturne, et du succès qu'elles obtinrent. On essaya d'abord vainement l'huile, les graisses, les résines, la bougie ; la lumière produite par la combustion de ces substances fut trouvée insuffisante. Lorsque Napoléon projetait une descente en Angleterre, il songea d'avance au moyen d'établir une communication de jour et de nuit entre l'un et l'autre côtés du détroit. Les frères Chappe firent alors essai de lampes à réflecteurs paraboliques. Des appareils du même genre furent adaptés en 1822 au télégraphe de Montmartre et à celui du ministère de l'intérieur ; mais sans doute les résultats ne répondirent pas aux espérances qu'on avait conçues, car on ne tarda pas à renoncer à ce système.

M. Jules Guyot a proposé d'éclairer le télégraphe avec des lampes à *hydrogène liquide* ; le maniement de ce corps a paru trop difficile et trop dangereux, et le procédé de M. Guyot n'a pas été adopté. — Un ancien employé de notre administration télégraphique, M. Chatau, destitué en 1830 avec les frères Chappe, fut plus heureux en Russie, où il parvint en 1841 à réaliser et à faire accepter par le gouvernement un système de télégraphie nocturne de tous points satisfaisant, s'il faut l'en croire, et qui fonctionne encore aujourd'hui sur la ligne de Varsovie à Cronstadt. « Mes lanternes et mes feux, dit M. Chatau, ne laissent rien à désirer. L'huile est le seul combustible employé. Les réservoirs sont à l'abri des froids les plus intenses. Les lampes sont à niveau constant, à mèche plate. Le foyer lumineux ne craint ni la pluie ni le vent le plus violent, ni les mouvements les plus rapides du télégraphe. Le foyer se maintient à un degré d'éclat suffisant durant vingt heures, sans demander aucun soin, pourvu qu'on emploie de l'huile bien épurée et de bonnes mèches. Bien que la largeur des mèches ne soit que de 12 millimètres, tous les signaux sont distingués à la distance de 30 kilomètres : ainsi on obtient une très-bonne transmission à 12 kilomètres, la plus grande distance qui doive existe sur une ligne télégraphique. Si une lanterne s'éteint, le stationnaire le sait à l'instant, et cette lanterne est bientôt rallumée ; mais un pareil accident est extrêmement rare avec mon télégraphe, et je doute qu'il arrive trois fois par an sur une ligne de cent cinquante postes. Les lanternes portent un signe qui indique le côté de Varsovie ; chacune d'elles a, excepté aux postes extrêmes, deux reverbères, deux réservoirs et deux foyers. — Si un verre se casse (ce qui arrive très-rarement), il faut quinze secondes pour enlever la porte dont le verre est cassé, et quinze secondes pour mettre une nouvelle porte, qui est toujours prête ; mais les verres sont à l'abri de tout accident, une fois que mes lanternes sont posées au télégraphe. Quelle que soit la rapidité des mouvements, aucune lanterne ne peut s'ouvrir, ni se détacher, ni donner contre un poteau. »

Lorsque la remarquable et utile invention de Chappe fut connue en Europe, elle y causa une sensation profonde, et presque partout une vive admiration ; comme d'ailleurs, ainsi que nous venons de le dire, la construction et la manœuvre adoptées chez nous étaient ce qu'on pouvait imaginer de mieux, on se contenta généralement de les imiter le plus exactement possible. En Espagne et en Italie, notre système s'établit sans difficulté. Il prévalut aussi en Allemagne, malgré les efforts du professeur

Bergstrasser. Celui-ci, ne pouvant se consoler de l'oubli auquel cette découverte si simple et si ingénieuse à la fois condamnait sa prétendue *synthématographie*, ne négligea rien pour déprécier et ridiculiser le télégraphe français, et même pour le rendre suspect aux yeux des gouvernements de l'Europe. Il le représenta comme un simulacre de machine, incapable de rendre aucun service réel, et destiné seulement à donner le change tant au public français qu'aux nations étrangères. « Je pense, écrivait-il, que les Français n'emploient leur télégraphe à autre chose qu'à un but politique. On s'en sert pour amuser les Parisiens, qui, les yeux sans cesse fixés sur la machine, disent : *Il va, il ne va pas.* On profite de cette occasion pour détourner l'attention de l'Europe, et en venir insensiblement à ses fins. »

Le climat brumeux de certains pays septentrionaux, tels que l'Angleterre, l'Écosse et la Suède, rendit impossible dans ces contrées l'emploi de notre appareil ; M. Endelrantz, auquel la Suède doit l'établissement de ses télégraphes, essaya successivement plusieurs combinaisons. Celle à laquelle il s'est arrêté consiste en un grand cadre « dont l'intérieur est rempli par dix volets placés à égale distance l'un de l'autre, et sur trois rangées verticales, dont celle du milieu en contient quatre ; ces volets sont fixés chacun sur un axe qui tourne dans des trous pratiqués aux côtés du cadre ; ils prennent une position verticale ou horizontale, d'après les mouvements qu'ils reçoivent par ces axes, et, en s'ouvrant ou se fermant ainsi, ils produisent 1024 signaux (1). »

Le télégraphe anglais est fondé sur les mêmes principes ; mais il a subi depuis son origine de nombreuses modifications qui n'ont pu l'amener cependant au degré de perfection nécessaire pour remédier au peu de transparence de l'atmosphère. L'invention de la télégraphie électrique est venue heureusement, et grâce à elle, nos voisins se moquent aujourd'hui de difficultés dont ils n'eussent jamais pu triompher avec des châssis, des volets et des lanternes.

L'empire Ottoman, qui se pique de ne pas rester en arrière, tout Turc qu'il est, des pro-

(1) Chappe, l'aîné, *Histoire de la Télégraphie.*

grès de la civilisation, a voulu, lui aussi, avoir des télégraphes. Le sultan fit demander naguère au gouvernement français un dessin de notre machine à signaux ; mais aucun ingénieur turc n'a pu réussir à l'exécuter et à la faire fonctionner convenablement. Le vice-roi d'Égypte, Méhémet-Ali, fut plus heureux ou plus habile : il réussit du moins à reproduire exactement les modèles qui lui furent envoyés de France, et à établir entre le Caire et Alexandrie une ligne télégraphique dont les résultats sont satisfaisants. Il est vrai que Méhémet-Ali avait à son service des ingénieurs français.

Le czar, à qui l'immense étendue de son empire devait faire apprécier plus qu'à tout autre prince les avantages d'un moyen de communication prompt, exclusivement réservé à l'autorité et à ses agents supérieurs, indépendant enfin, ou peu s'en faut, de l'état des routes et des voies de transport, — le czar ne pouvait manquer d'encourager, de provoquer même de tout son pouvoir l'importation du télégraphe en Russie. Toutefois peu s'en fallut que, comme le sultan, il ne se vît obligé de renoncer à ce puissant auxiliaire de son autorité. Plusieurs

projets furent présentés, plusieurs expériences
eurent lieu sans succès. Enfin, en 1832,
M. Chatau, privé, comme nous l'avons vu
plus haut, de ses fonctions par le gouvernement français, alla offrir ses services à l'empereur Nicolas. Il établit entre Saint-Pétersbourg,
Varsovie et Cronstadt une double ligne comprenant en tout cent cinquante-six postes;
l'appareil qu'il mit en usage est, sauf quelques
modifications de peu d'importance, le même
que celui de Chappe.

La Belgique, la Hollande et le Danemark
ont adopté dès longtemps le système français,
qui fut établi dans les deux premiers de ces
royaumes par l'empereur Napoléon. Dans le
troisième, on essaya d'abord un appareil qui
lui fut proposé par un certain M. Volque; mais
il paraît que cet appareil ne tint pas les promesses de son auteur, car en 1809 le consul
général de Danemark à Paris demanda pour
son gouvernement un télégraphe français, qui,
on le pense bien, lui fut accordé sans difficulté.

III

Télégraphie électrique. — François Salva. — Reiser. — Sœmmering. — Découverte de l'électro-magnétisme. — Œrsted. — Ampère. — Observation de Schweiger. — Le rhéomètre. — Télégraphes électriques de Schilling et d'Alexander. — Découverte de l'aimantation temporaire par Arago. — Principe fondamental de la télégraphie électrique actuelle. — La télégraphie électrique en Angleterre. — M. Wheatstone — Télégraphes à cadran et à double aiguille. — La télégraphie électrique aux États-Unis. — M. Samuel Morse. — Télégraphe écrivant. — La télégraphie électrique en France. — Télégraphe mixte de MM. Foy et Bréguet. — Télégraphe à clavier de M. Froment. — Lignes établies en France. — La télégraphie électrique en Allemagne, en Belgique, en Hollande, en Italie. — Le télégraphe sous-marin. — Expériences exécutées par M. Walker à l'aide d'un fil métallique enveloppé de gutta-percha. — Pose de fils conducteurs entre Douvres et Calais, entre Holyhead et Howth. — Préparatifs d'établissement de lignes anglo-belge et anglo-hollandaise. — Projet d'un télégraphe transatlantique.

L'avénement de la télégraphie aérienne et son installation dans presque tous les États civilisés ne découragèrent point ceux qui avaient deviné dans l'électricité un agent dont la puissance et la vitesse étonnantes sauraient un jour s'imposer en quelque sorte à notre civilisation, et se substituer peut-être successivement à toutes les forces physiques que nous avons asservies à notre volonté. Les expériences faites par Lesage et Lomond furent reprises en 1787 par le docteur espagnol François Salva. Ce savant médecin, aux efforts duquel l'Espagne est redevable de l'introduction et de la propagation de la vaccine, présenta à l'académie de Madrid un mémoire sur la production des signaux par l'électricité. Des essais eurent lieu en présence du roi, du prince de la Paix, et de l'infant don Antonio. On a même affirmé que ce dernier chargea en 1788 le docteur Salva de lui construire un télégraphe; et l'on ajoute que l'infant fut un jour informé ainsi d'une nouvelle fort importante; mais comme on n'indique ni les lieux où ce télégraphe aurait été établi, ni la distance entre les deux extrémités de la ligne, ni enfin la nature du service rendu au prince, il est permis de révoquer en doute ces faits, qui d'ailleurs n'ont aucune importance scientifique.

En 1794, l'Allemand Reiser proposa de fixer sur une table de verre des caractères découpés

dans une feuille de zinc. A chacun de ces caractères eût abouti un fil de fer. Les fils eussent
été au nombre de trente-cinq ; savoir : vingt-
cinq pour les lettres de l'alphabet, et dix pour
les chiffres. Une machine électrique présentée
à l'extrémité de chacun de ces fils, isolés dans
des tubes de verre, eût tiré une étincelle des
caractères correspondants, que l'on eût écrits
au fur et à mesure. Ce projet, quoique très-
rationnel, n'eut pas plus de suite que les pré-
cédents. Les résultats négatifs de ces premières
tentatives s'expliquent suffisamment par le peu
de ressources qu'offrait l'électricité *statique*,
seule connue alors. Cette électricité, qui se
dégage à l'aide du frottement, possède une tension qui dépend de l'énergie du frottement, de
l'étendue et de la nature des corps entre lesquels il s'exerce ; elle cesse de se produire dès
qu'on cesse d'agir ; et comme elle n'est, à ce
qu'il semble, que répandue à la surface des
corps électrisés, elle les abandonne d'autant
plus promptement que sa tension est plus
grande. Ces circonstances eussent sans doute
opposé une barrière infranchissable à l'application et au progrès sérieux de la télégraphie

électrique, si la belle découverte faite par Volta dans la première année de ce siècle ne fût venue ouvrir à cet art ingénieux un horizon nouveau, en lui fournissant dans la *pile électrique* une source égale et constante d'où le fluide électrique jaillit en un courant sans fin. Pourtant dix années encore s'écoulèrent après l'apparition de cette précieuse machine, sans que personne songeât à s'en servir pour transmettre des signaux. Ce ne fut qu'en 1811 que le physicien allemand Sœmmering comprit le parti qu'on en pouvait tirer, pronostiqua les immenses services que le fluide électrique devait rendre un jour, et signala les avantages incomparables du télégraphe électrique sur le télégraphe aérien. A la vérité l'appareil qu'il proposa péchait par une trop grande complication. Sœmmering voulait mettre à profit la propriété que possède l'électricité de séparer les éléments qui forment les corps composés. Son système ressemblait d'ailleurs à celui de Reiser. Seulement, d'une part l'ancienne machine électrique était remplacée par une pile voltaïque d'où partaient *trente-cinq* fils doubles isolés les uns des autres par une enveloppe de soie; d'autre

part, aux caractères métalliques il avait substitué de petits vases pleins d'eau distillée. Lorsque
le courant passait par un des fils, l'eau se décomposait instantanément dans le vase correspondant, ce qui indiquait la lettre ou le chiffre
à noter. Ce système eût peut-être prévalu s'il
ne se fût produit dans un de ces moments où
le progrès scientifique précipite sa marche à tel
point, que quiconque s'arrête un seul instant
dans la voie des découvertes se voit aussitôt
dépassé de bien loin par quelque coureur plus
hardi ou plus heureux.

En 1820, Œrsted, professeur à Copenhague,
reconnut qu'un courant électrique circulant
autour de l'aiguille aimantée, même à une
certaine distance de celle-ci, la fait sensiblement dévier de sa direction habituelle. Ce phénomène est devenu la base sur laquelle s'est
élevée toute une partie nouvelle des sciences
physiques : l'électro-magnétisme. En outre,
les physiciens y virent bientôt la source d'une
foule d'applications utiles, et l'un de nos plus
illustres savants songea tout d'abord au parti
qu'on en pourrait tirer pour résoudre le problème dont on se préoccupait alors particulière-

ment : la transmission rapide des idées. Ampère s'exprimait ainsi le 2 octobre 1820 (*Annales de physique et de chimie*, t. XV) : «.... D'après cette expérience, on pourrait, au moyen d'autant de fils conducteurs et d'aiguilles aimantées qu'il y a de lettres, et en plaçant chaque lettre sur une aiguille différente, établir, à l'aide d'une pile placée loin de ces aiguilles, et qu'on ferait communiquer alternativement par ses deux extrémités à celles de chaque fil conducteur, une sorte de télégraphe propre à écrire tous les détails qu'on pourrait transmettre, à travers quelques obstacles que ce soit, à la personne chargée d'observer les lettres placées sur les aiguilles. En établissant sur la pile un clavier dont les touches porteraient les mêmes lettres, et établiraient la communication par leur abaissement, ce moyen de correspondance pourrait avoir lieu avec assez de facilité, et n'exigerait que le temps nécessaire pour toucher d'un côté et lire de l'autre chaque lettre. » Cette théorie, ou mieux cet aperçu, était assurément conforme dans sa donnée principale à ce que nous pratiquons aujourd'hui : c'était déjà l'électricité employée, non plus comme agent chimique , mais comme force motrice ; toutefois cette force motrice pouvait encore paraître bien insuffisante même pour le faible effort qu'on en attendait : il fallait trouver un moyen de multiplier à volonté sa puissance. Cette découverte ne se fit pas attendre. Schweiger, physicien allemand, remarqua que chaque circonvolution du fil conducteur augmentait la force du courant d'une quantité égale à celle produite primitivement par un seul circuit, pourvu que le fil fût isolé sur toute sa longueur. Il fonda sur cette importante observation un appareil appelé *galvano-mètre-multiplicateur* ou *rhéomètre*, dont on se servit pour augmenter l'intensité de l'action galvanique sur les aimants.

Un savant amateur, le baron Schilling, construisit à Saint-Pétersbourg, en 1833, un télégraphe électrique d'après la théorie d'Ampère, et en faisant usage du précieux instrument dont Schweiger venait d'enrichir la science. Cinq fils de platine enduits de gomme-laque et enveloppés de soie communiquaient à l'une des stations avec un clavier à autant de touches, au moyen desquelles on pouvait diriger dans

l'un quelconque de ces fils le courant produit
par une pile galvanique. A l'autre station,
chaque fil aboutissait à un rhéomètre agissant
sur une aiguille aimantée. Chaque aiguille
ayant deux mouvements, les cinq fils de platine permettaient d'indiquer les dix caractères
de la numération, et par suite, à l'aide d'une
clef convenue, les lettres, les syllabes, les
mots, les phrases même nécessaires à l'expres-
sion de la pensée. L'empereur Nicolas projetait
de faire établir entre les diverses parties de la
Russie des lignes télégraphiques d'après ce
système, lorsque le baron Schilling mourut
sans laisser après lui personne qui fût capable
de le remplacer. En 1837, un télégraphe fut
construit en Écosse, par M. Alexander d'Édimbourg, d'après les mêmes principes que celui de
Schilling ; mais il devait subsister peu de temps
et céder bientôt la place à l'un des appareils
moins coûteux et moins compliqués qui sont aujourd'hui en usage dans les Iles-Britanniques.

Sur ces entrefaites, une nouvelle découverte,
décisive relativement à la question qui nous
occupe, vint renverser le dernier obstacle qui
s'opposait encore à l'établissement définitif et

général de la télégraphie électrique en Europe.
Arago observa les effets d'une loi connue
maintenant en physique sous le nom d'*aiman-*
tation temporaire. Cette loi peut se formuler
ainsi : 1° Un courant galvanique circulant autour d'une lame de fer doux, c'est-à-dire parfaitement pur, lui communique immédiatement
les propriétés de l'aimant naturel (1); 2° ces
propriétés sont d'autant plus sensibles que le
fil conducteur forme autour du morceau de fer
doux un plus grand nombre de spires indépendantes les unes des autres; 3° l'aimantation
disparaît dès que le courant s'arrête, et reparaît
dès qu'il recommence à circuler. On donne le
nom d'*électro-aimant* à l'appareil au moyen
duquel ce phénomène est produit. L'électro-
aimant est un cylindre de fer doux autour
duquel un fil conducteur parfaitement recouvert d'une substance non conductrice, et communiquant à volonté avec les deux pôles d'une
pile, s'enroule comme un fil ordinaire autour
d'une bobine. Nos lecteurs ont déjà deviné que
c'est l'électro-aimant qui est le moteur et l'âme

____

(1) Tout le monde sait que la propriété essentielle de l'aimant est d'attirer le fer.

du télégraphe électrique, et qu'une fois en possession de ce précieux instrument, on n'eut plus,
pour ainsi dire, que l'embarras du choix entre
les différentes manières de l'employer. Quant
au mécanisme fondamental, il est partout le
même et d'une simplicité remarquable (1).

Nous n'entrerons pas ici dans la description
détaillée des divers appareils qui ont été essayés
avec plus ou moins de succès dans les diverses
contrées. Des détails de cette nature fatigue-
raient sans utilité l'esprit de nos lecteurs, et nous
entraîneraient nous-même au delà des limites
qui nous sont assignées. Nous nous bornerons
donc à tracer rapidement l'histoire des développements successifs de la télégraphie électrique
dans les principaux États, et à indiquer les
systèmes qui ont prévalu dans chacun d'eux.

Le télégraphe électrique s'est établi à peu
près simultanément en Angleterre et aux États-
Unis. Il fonctionnait depuis l'année 1837 dans
le premier de ces deux pays, mais seulement
pour l'usage des chemins de fer ; et comme on
ne savait encore tirer parti que des déviations

(1) Voir à la fin de cette notice la description du mécanisme.

de l'aiguille aimantée, le nombre des signaux était forcément restreint à ce qu'exigeait le service des *rail-ways*. La plupart de ces lignes télégraphiques avaient été établies par les soins de M. Wheatstone, savant physicien et mécanicien, dont la féconde initiative ne tarda pas à porter des fruits. En 1846, des spéculateurs encouragés par les résultats incontestablement avantageux qu'avaient obtenus ses premiers efforts, songèrent à faire participer les principales villes du royaume aux bienfaits de ce moyen si rapide de communication. Une société se forma sous le nom de *Compagnie du télégraphe électrique*, et en quelques années les opérations de cette compagnie eurent pour résultat d'étendre sur l'île entière ce réseau magique qui a, pour l'échange des idées, anéanti les distances entre tous les centres industriels, littéraires et artistiques de la Grande - Bretagne.

Deux systèmes ont été successivement adoptés chez nos voisins, et fonctionnent encore aujourd'hui concurremment : l'un et l'autre sont dus au génie inventif de M. Wheatstone. Le plus ancien est le *télégraphe à cadran*. Les vingt-cinq lettres de l'alphabet et les dix chiffres de la numération sont inscrits dans le même ordre sur deux cadrans placés chacun à l'une des extrémités de la ligne. Ces deux cadrans sont mobiles autour d'un axe. L'un, appelé *communicateur*, est mis en mouvement avec la main et à l'aide d'un appareil qui sert à la fois à établir le courant électrique et à faire prendre au caractère que l'on veut transmettre une position convenable. L'autre cadran, appelé *indicateur*, est fixé autour d'une roue à rochet que le mouvement de *va-et-vient* du disque en fer fait tourner d'un cran chaque fois qu'il se produit. Par cette combinaison, lorsqu'un des caractères tracés sur le *communicateur* est amené au point voulu, le même caractère écrit sur l'*indicateur* vient se montrer à une petite fenêtre pratiquée dans une plaque de cuivre placée devant le cadran. Le stationnaire n'a donc qu'à écrire les lettres ou les chiffres à mesure qu'ils se présentent.

Dans le second système, qui s'est substitué au précédent sur la plupart des lignes anglaises, chaque station extrême possède deux cadrans immobiles sur lesquels tournent deux aiguilles. Une manivelle à poignée détermine à la fois la circulation du fluide électro – magnétique et imprime aux aiguilles divers mouvements de gauche à droite ou de droite à gauche, qui, se répétant d'une station à l'autre, constituent pour les employés un véritable alphabet de sourds-muets. La machine est renfermée dans une caisse : les poignées et les aiguilles sont les seuls instruments qui se voient extérieurement. Une autre caisse plus petite surmonte la première et contient un timbre dont le son donne aux employés le signal d'*attention*. La manœuvre du télégraphe à *double aiguille* est confiée de préférence, en Angleterre, à de jeunes garçons qui, grâce à la vivacité de leurs mouvements, grâce surtout au don qu'on possède à leur âge de se familiariser promptement avec un langage et des signes quelconques, s'acquittent de leur travail avec une prestesse et une habileté surprenantes. « Les aiguilles, dit M. Figuier, s'agitent sous leurs doigts avec la promptitude de la pensée; les mouvements sont si pressés et si rapides, que l'œil a peine à les suivre. On lit en gros caractères sur les murs de la salle : *Ne dérangez pas les employés quand ils sont occupés à leurs appareils.* Cet avis est assez su-

perdu, car on voit les enfants, pendant le cours
de leur travail, causer, rire, et s'occuper de
ce qui se passe autour d'eux, comme s'ils exé-
cutaient la besogne la plus simple et la plus
indifférente ; il leur arrive même, pendant
l'expédition d'un message, de faire des *à parte*
télégraphiques et d'assaisonner les dépêches
qu'ils sont occupés à transcrire, de quelques
plaisanteries à l'adresse de leur camarade.

« On a observé, en effet, que les jeunes employés au télégraphe finissent par faire, en
quelque sorte, connaissance avec leurs correspondants des autres stations. Cette espèce
d'intimité est si bien établie entre eux, qu'ils
savent reconnaître aux premiers mouvements
des aiguilles celui de leurs camarades qui se
dispose à leur écrire. On entend quelquefois
un des employés de Londres s'écrier en remarquant les mouvements de son appareil que l'on
commence à faire agir de Manchester, par
exemple : « Ah ! voilà Georges revenu ! » Un
autre, en voyant les premières oscillations de
ses aiguilles que l'on fait marcher de Liverpool,
prend sa place d'un air de contrariété et de
mauvaise humeur, en disant : « Allons ! c'est

encore ce brutal de John qui est là-bas ! »
Ces sentiments d'antipathie qui s'établissent
ainsi entre les employés d'une même ligne
vont quelquefois au point de forcer l'administration à les séparer; c'est ce que l'on a fait
récemment sur la ligne de Londres à Birmin-
gham, où deux jeunes gens étaient sans cesse
occupés à se quereller et à échanger des injures
par le télégraphe (1). »

La *Compagnie du Télégraphe électrique* a
étendu ses opérations sur une vaste échelle.
Son établissement central à Londres (Lothbury
Street) est un véritable palais. C'est de là que
partent les innombrables fils qui vont porter
dans toutes les directions les messages du gouvernement, les nouvelles politiques et com-
merciales, et les correspondances particulières.
C'est assurément un spectacle remarquable que
celui d'une invention si nouvelle, portée ainsi
presque du premier coup à un si haut degré
de perfection, et s'installant en quelques
années sur toute la surface d'un grand pays.
Un tel fait révèle à lui seul le génie et la force

(1) L. Figuier, *Histoire et exposition des principales découvertes scientifiques modernes.*

d'un peuple, et nous contraint à reconnaître la supériorité de nos voisins sur nous, au moins en ce qui concerne l'esprit d'initiative pratique et l'activité industrielle. Mais si l'établissement rapide de la télégraphie électrique en Angleterre est de nature à exciter notre admiration, que sera-ce si nous franchissons l'océan Atlantique! Nous verrons alors un peuple né d'hier répandu sur un territoire immense, nous verrons des cités florissantes disséminées au milieu des savanes et des forêts vierges, séparées les unes des autres par des lacs qui sont de petites mers, par des fleuves qui sont des torrents, par des chaînes de montagnes qui semblent des barrières infranchissables élevées par la nature pour séparer un monde d'un autre. Eh bien, supposons qu'on vous transporte soudain, par enchantement, dans un des districts les plus sauvages de ce pays en friche. Vous errez dans une prairie, vous cherchez péniblement à vous frayer un passage à travers les branches entrelacées des arbres; vous côtoyez un torrent, ou bien vous gravissez des rocs escarpés. Tout à coup vous vous heurtez à un

poteau; vous levez la tête, vous regardez :
ô surprise! vous voyez fixés à ce poteau des
fils métalliques semblables à ceux qui longent
ici nos chemins de fer. A quelque distance de
ce poteau vous en apercevez un autre, puis un
autre encore, et ainsi de suite. Souvent c'est
un arbre, c'est un rocher qui soutient ces fils :
qu'importe, pourvu qu'ils suivent leur chemin!
Un homme survient : ce n'est point un sauvage, il est vêtu comme nous. Vous lui demandez ce que signifient ces fils et ces poteaux,
et ce qu'il fait lui-même dans ce désert. « Ces
fils, vous répond-il en anglais, sont ceux du
télégraphe électrique : je suis là pour les garder, pour les réparer au besoin. » Si vous l'in-
terrogez encore, il vous apprendra que vous
êtes sur le territoire de quelqu'un des États for-
mant l'Union américaine, cette nation d'aven-
turiers et de spéculateurs, qui, fille de la
Grande-Bretagne, et se sentant un jour (il y a
soixante-dix ans) plus forte que sa puissante
mère, brisa d'une secousse les lisières où
celle-ci prétendait la retenir, et marcha seule
à pas de géant. Aujourd'hui, elle a non-seulement rejoint, mais dépassé ses aînés du vieux

monde. Et pour ce qui est du télégraphe élec-trique, ne croyez pas que ce soit aux États-Unis une importation européenne. Tant s'en faut ! les Américains l'ont eu non-seulement sans nous, mais encore avant nous.

M. Samuel Morse, professeur à l'université de New-York, revenait de France aux États-Unis, au mois d'octobre 1832, à bord du paquebot *le Sully*, lorsque dans le cours d'une discussion entre lui, le capitaine du navire et quelques passagers, sur les effets de la pile de Volta, il conçut l'idée d'appliquer cet agent à la télégraphie. Sans doute M. Morse était au courant des découvertes scientifiques accom-plies jusque alors ; sans doute les expériences de Sœmmering, de Schilling, lui étaient connues ; mais si ces découvertes et ces expériences avaient jeté sur le problème de vives clartés, elles n'en avaient pas encore amené la solution. M. Morse, lui, venait d'atteindre le but par la pensée ; la partie matérielle de sa tâche n'était déjà plus pour lui qu'une chose secondaire : aussi ce fut avec la juste fierté d'un homme sûr de lui-même qu'en débarquant il serra la main du capitaine et lui dit : « Capitaine, lorsque mon télégraphe sera devenu la merveille du monde, souvenez-vous que la découverte en a été faite à votre bord. » Cinq ans après (le 2 septembre 1837), il exécuta sur une étendue de 12 kilomètres, en présence d'une commission mixte du congrès des États-Unis et de l'académie des sciences de Philadelphie, des expériences dont le résultat ne laissait aucun doute sur le succès définitif de l'invention; et au mois de mars 1843, le congrès vota une somme de 30,000 dollars pour fournir aux premiers frais d'une installation partielle du télégraphe électrique. Aujourd'hui les fils électriques se sont étendus et multipliés au point de former un réseau dont la longueur totale est de 19,000 kilomètres.

« Le télégraphe électrique, écrivait il y a peu de temps un voyageur anglais, M. Watkin, a opéré partout une révolution; mais aucun pays n'a éprouvé ses effets comme l'Amérique; aucun autre ne possède une aussi longue ligne télégraphique, et ne peut se vanter d'autant de bon marché et de régularité dans la transmission des dépêches.... J'ai vu avec intérêt les grandes perches rouges ou blanches, surmontées par des isoloirs, liées ensemble par de longues lignes de fils télégraphiques, et plantées comme des arbres dans les principales rues de New-York, de Boston, de Philadelphie, de Baltimore. A travers les forêts, loin de toute contrée défrichée, le long des chemins qui sortent en droite ligne des bois, pendant plusieurs milles, il y avait aussi des perches et un seul petit fil s'élançant au loin dans l'espace; il y avait des fils *sous et sur les rivières*, à travers les prairies et sur les montagnes. Le fil télégraphique simple, élevé au prix de 20 à 30 livres par mille, chemine partout en avant de la population, comme une sorte de pionnier de la civilisation. Il y a maintenant plus de 11,000 milles de ligne télégraphique aux États-Unis. Vous pouvez transmettre une dépêche de Québec à Montréal, au nord; à la Nouvelle-Orléans, au midi (distance de 2,000 milles, ou de 4,000 aller et retour); et vous avez la réponse dans deux heures environ, tout compris... En Amérique, on se sert du télégraphe pour vendre, pour acheter, pour commander son lit dans les hôtels, pour faire venir de chez soi son linge propre, pour tous les besoins domestiques urgents ; c'est comme une baguette magique au moyen de laquelle les parents et les amis éloignés peuvent se parler comme s'ils étaient à leur fenêtre ou à leur porte. »

Ces renseignements sont confirmés par un publiciste de nos compatriotes, M. de Courcy. « On peut, en Amérique, dit ce dernier, correspondre à cent et deux cents lieues de distance, recevoir une première réponse, faire ses observations et recevoir une réponse définitive, tout cela dans la même journée. On termine en deux heures, et sans être vu, une affaire qui aurait demandé par la poste huit jours et plus ; en cas d'incendie, on demande des secours aux villes les plus éloignées ; en cas de vol, on donne le signalement du malfaiteur à toutes les polices environnantes, et le voleur est arrêté au moment où il se croit sûr de l'impunité ; en cas de tempête au sud, on en donne avis au nord, afin que les navires ne prennent pas le large ; en cas d'inondation, le télégraphe en instruit tout le parcours du fleuve, pour que les riverains puissent sauver leurs bestiaux, leurs denrées, et se sauver eux-mêmes. L'électricité marche plus vite que le débordement des eaux, plus vite que la tempête. Pas de service que le télégraphe ne rende ; il est en Amérique une des nécessités de la vie, et son usage dans les affaires est encore moins répandu que dans les familles, où cette invention prodigieuse devient la providence des amis qui se séparent et des époux qui sont contraints de s'absenter. J'ai moi-même confié à ce fluide mystérieux plus d'un message affectueux, et je jouissais de la pensée que quelques paroles fendant l'espace allaient porter une consolation instantanée, faisaient disparaître la distance et me donnaient l'étrange privilége de l'ubiquité. J'ai vu, à un concert de Jenny Lind, le régisseur se présenter à la rampe et prononcer ces mots : « Si M. William Brown est dans la salle, il est prié de passer au bureau, où il trouvera une dépêche très-importante à son adresse, reçue à l'instant de Chicago. » Aussitôt un gentleman se lève et quitte sa place. Sa famille savait sans doute qu'à cette heure il serait au concert, et le télégraphe permettait de l'informer d'une nouvelle dont l'arrivée plus ou moins prompte pouvait causer sa fortune ou sa ruine. »

Le télégraphe inventé par M. Morse, et qui a été généralement adopté aux États-Unis, est un *télégraphe écrivant*. Le disque de fer qui, dans les appareils anglais, fait tourner un cadran ou une aiguille, met ici en mouvement un crayon, une plume ou une pointe d'acier qui trace sur une feuille de papier déroulée sans cesse par une machine, des signes simples tels que des points, des lignes, dont la combinaison ou la répétition forme un langage écrit familier aux employés.

On voit par ce qui précède que le télégraphe électrique n'a eu, pour ainsi dire, qu'à se montrer aux États-Unis et en Angleterre pour que le gouvernement et le public l'accueillissent, non-seulement avec faveur, mais même avec empressement et enthousiasme. Il n'en a pas été de même dans notre pays. La France, toujours au premier rang lorsqu'il s'agit de jeter au monde une idée nouvelle, la perd de vue le plus souvent dès qu'elle a pris son essor, et laisse à d'autres le soin de l'appliquer et de la développer ; puis, lorsque l'idée lui revient métamorphosée en fait, elle ne la reconnaît plus, elle la renie et ne se décide qu'à grand'peine à accorder, ne fût-ce que le *droit de résidence*, à cette fille devenue étrangère. Ainsi, bien que les travaux d'Ampère et d'Arago eussent été en quelque sorte le germe des belles inventions de Samuel Morse et de Wheatstone, la France entendit longtemps avec indifférence et d'une oreille incrédule le récit des merveilleux résultats que ces inventions avaient produits en Angleterre et en Amérique. Quelques amis du progrès, quelques savants s'en émurent; mais le public et le gouvernement restèrent impassibles, et le fluide électrique circulait déjà chez nos voisins d'outre-Manche sur un grand nombre de rail-ways; M. Morse avait déjà obtenu pour son appareil les suffrages du congrès, que chez nous on discutait gravement la forme des lanternes qu'il conviendrait d'adapter à la machine de Chappe pour le service de nuit. Bien plus, le physicien-législateur chargé du rapport sur cette question déclarait en pleine chambre des députés que le télégraphe électrique était une chimère irréalisable! — Cela se passait en 1842. Ce verdict prononcé d'une façon presque solennelle par l'un des organes les plus éminents de la science, allait entraîner une condamnation sans appel, lorsqu'un autre savant, Arago, éleva la voix, réfuta sans peine le réquisitoire de son confrère, et obtint qu'avant de songer à perfectionner le télégraphe aérien, on voulût bien au moins examiner sérieusement et sans prévention injuste le télégraphe électrique. Une nouvelle commission fut nommée; M. Foy, administrateur en chef des télégraphes, fut envoyé en Angleterre; il en revint avec M. Wheatstone, que le gouvernement chargea d'installer une ligne électrique d'essai sur le chemin de fer de Paris à Rouen. Mais bientôt des différends s'élevèrent entre lui et les agents français, ceux-ci s'obstinant dans leur incrédulité méfiante, M. Wheatstone persistant à bon droit dans des affirmations déjà justifiées par l'expérience. Enfin M. Wheatstone renonça à leur faire entendre raison, et partit, les laissant se tirer d'affaire comme ils pourraient. Livrés à eux-mêmes, MM. Foy et Bréguet crurent de leur honneur de n'imiter point ce qui avait été fait avant eux; ils voulurent faire quelque chose de nouveau et en même temps de *national*. Ils proposèrent donc à la commission d'adapter au télégraphe électrique une miniature de l'appareil de Chappe, lequel exécuterait dès lors à huis clos, sous l'impulsion du fluide, les mêmes signaux qu'il exécutait naguère en plein vent, à l'aide de poulies et de cordes. Ce singulier projet, qui réunissait ensemble deux systèmes de nature si différente, et qui compliquait comme à plaisir la manœuvre si simple en elle-même du télégraphe électrique, ce projet fut adopté. Le mécanisme ingénieux de ce *joujou* séduisit la commission, qui en décida l'installation sur toutes les lignes de chemin de fer. Et l'installation commença le 9 décembre 1844. Cependant les inconvénients de ce système sont assez graves pour que la satisfaction d'avoir fait *autre chose* que les Anglais, les Américains et les Allemands, ne suffise pas à les compenser. Le premier, c'est de nécessiter l'emploi d'un appareil pour chaque branche de la petite machine, ce qui triplerait la dépense si l'on voulait faire jouer le régulateur et les deux ailes ; le second, auquel on s'est condamné pour compenser le premier, et qui ne le compense qu'à moitié, résulte de ce qu'on a condamné le régulateur à l'immobilité : seules les ailes se meuvent. Le nombre des signaux se trouve ainsi réduit de moitié, et la correspondance ne pouvant se faire qu'en répétant un grand nombre de fois les mêmes mouvements, se trouve considérablement ralentie. Ces défauts, tout évidents et palpables qu'ils sont, n'ont pas empêché le système mixte de prévaloir jusqu'à présent sur ceux bien supérieurs qui ont été proposés. Nous citerons parmi ces derniers, ne fût-ce que pour relever aux yeux de nos lecteurs l'honneur scientifique de notre pays, le *télégraphe à clavier* de M. Froment. Imaginez-vous un piano surmonté d'une horloge. Chaque touche du clavier répond à l'un des caractères tracés autour du cadran. Lorsque la machine est réglée, il suffit d'appuyer le doigt sur la touche A, par exemple, pour que l'aiguille, tournant sur le cadran, s'arrête à la lettre A; un second cadran réglé, mis en rapport avec le premier par le fil électrique, se trouve à la station extrême et marque les mêmes lettres dans le même instant. L'employé n'a donc qu'à *jouer sa dépêche* sur son clavier comme un musicien joue une contredanse sur un piano ; et avec un peu d'habitude, la correspondance peut s'effectuer aussi rapidement que si les deux personnes conversaient de vive voix. L'admirable simplicité de ce système et la facilité avec laquelle on le mettrait en pratique sont de nature à le faire considérer comme le dernier mot de la mécanique dans son application à la télégraphie, comme le plus haut degré de perfection auquel cet art puisse atteindre. Ces titres lui suffiront-ils pour qu'on se décide à renoncer enfin à la vicieuse machine en usage parmi nous jusqu'à présent ? Nous le désirons trop vivement pour ne pas l'espérer.

Notre timidité et notre parcimonie dans l'établissement des institutions nouvelles, quelque recommandées qu'elles soient par la théorie scientifique et par l'expérience, se voient encore dans les retards qu'a éprouvés le développement de nos lignes de télégraphie électrique. On s'est cru longtemps obligé de n'en établir que là où il existait une voie ferrée ; or, comme nos voies ferrées ne s'étendent et ne se ramifient aussi qu'avec une excessive lenteur, si l'on eût persisté à rendre solidaires l'un de

l'autre ces deux moyens de communication,
nous serions encore bien éloignés d'un résultat
satisfaisant. Par bonheur, on s'est enfin départi
de ces habitudes de circonspection exagérée,
et un décret rendu en 1852 a décidé que des
fils conducteurs seraient tendus, non plus seulement sur les chemins de fer, mais encore
sur les grandes routes.

Les grandes lignes de télégraphie électrique
aujourd'hui en activité chez nous, sont :

La ligne du Nord, de Paris à Valenciennes
par Amiens, Arras, Douai, Lille, avec embranchement sur Dunkerque, Calais et Boulogne ;

Les deux lignes du Sud, de Paris à Bordeaux par Orléans, Blois, Tours, Bourges,
Châteauroux, avec embranchement sur Poi-
tiers et sur Nantes ; — de Paris à Marseille par
Dijon, Châlon-sur-Saône, Lyon et Avignon ;

Les deux lignes de l'Ouest, de Paris au
Hâvre et à Dieppe, par Rouen, et de Paris à
Chartres ;

La ligne de l'Est entre Paris, Strasbourg,
Metz et Nancy ;

Enfin la ligne de Paris à Troyes, en communication avec Montereau.

Ces lignes principales doivent être prochainement reliées entre elles par des lignes secondaires. L'administration centrale des lignes télégraphiques a son siége au ministère de l'intérieur, rue de Grenelle-Saint-Germain. C'est de là que partent les dépêches du gouvernement; c'est là aussi que, depuis le 1er mars 1851 seulement, les particuliers sont admis à apporter les messages qu'ils désirent faire parvenir dans les départements, et qui sont transmis moyennant un prix assez élevé. L'empressement du public à profiter de ce nouveau moyen de communication a nécessité l'établissement d'une succursale dans la rue de Richelieu, non loin de la Bourse; enfin il s'est formé récemment à Paris deux administrations indépendantes du gouvernement, lesquelles, sous le nom *d'offices télégraphiques*, se chargent de mettre le commerce et la presse quotidienne au courant des nouvelles qui peuvent arriver en France par les télégraphes étrangers. Grâce à leur entremise, on connaît à Paris, dans la soirée, le cours de la bourse de Vienne, expédié à quatre heures de l'après-midi.

La Prusse, la Confédération germanique et

l'Autriche possèdent maintenant des lignes télégraphiques nombreuses ; la Belgique et la Hollande, un peu retardataires, suivent néanmoins le mouvement général, et ces deux États, grâce à leur peu d'étendue et au développement de leurs voies ferrées, ne tarderont certainement pas à regagner le temps perdu. Enfin l'Italie elle-même est en train de tresser son réseau électrique, qui déjà rattache entre elles les villes de Livourne, de Lucques, de Sienne, de Pise et de Florence.

Ainsi, douze années ont suffi pour que plus de la moitié du continent septentrional américain et toute la partie occidentale de l'Europe vissent se réaliser l'un des plus beaux rêves que l'imagination humaine eût jamais pu concevoir : la suppression du temps et de l'espace pour la transmission de la pensée ! Mais ce n'était pas assez encore pour notre insatiable ambition, pour notre inexorable impatience. Tendre des fils sur les routes, dans les plaines, sur les montagnes ; les enfouir sous terre en les isolant de ce vaste réservoir par des substances non conductrices ; pouvoir en quelques minutes faire parvenir une nouvelle de Paris à

Prague, d'Amsterdam à Florence, de Douvres à Édimbourg, de Washington à la Nouvelle-Orléans, cela est beau sans doute, ou, pour parler le langage de nos jours, cela est commode et avantageux. Mais quoi! l'Océan est là qui nous gêne : voici par exemple un misérable bras de mer, la Manche, large de trente kilomètres, qui sépare deux peuples voisins et amis, l'Angleterre et la France. Ce bras de mer, il faut deux heures au moins pour le traverser en bateau à vapeur, par le plus beau temps et dans les circonstances les plus favorables qu'on veuille supposer. Deux heures pour faire trente kilomètres! N'est-ce pas insupportable, exorbitant! Mer insolente, qui prétends t'opposer à la volonté humaine, tu vas apprendre ce qu'elle peut; elle ne peut planter des poteaux sur tes vagues mouvantes; cela, Dieu seul le pourrait! Eh bien! en te bravant, elle t'obligera de la servir, et c'est à tes flots eux-mêmes qu'elle confiera le lien magique qui va relier la Grande-Bretagne au continent!

La possibilité rigoureuse de faire passer la mer au fluide électrique n'était pour personne l'objet d'un doute; mais la cherté des substances non conductrices dont il serait nécessaire d'envelopper soigneusement le fil pour empêcher le fluide d'être absorbé par l'eau ; les dépenses occasionnées par les obstacles que rencontrerait l'exécution d'un si gigantesque projet ; tout cela eût empêché sans doute qu'on l'entreprît, lorsque l'importation en Europe d'une substance nouvelle des plus précieuses vint fort à propos lever les plus sérieuses difficultés. Cette substance, assez semblable au caoutchouc, est la *gutta-percha*. Pour la malléabilité, la ténacité, l'imperméabilité, elle ne le cède en rien à la gomme élastique, et possède en outre la propriété de conduire très-mal le fluide électrique.

M. Walker, directeur des télégraphes de la compagnie du Sud-Est en Angleterre, devina les services immenses que la gutta-percha pourrait rendre à la télégraphie, et songea le premier qu'un fil conducteur qui en serait recouvert pourrait être impunément plongé dans l'eau pendant un temps indéterminé. Heureusement la position de M. Walker lui permettait de passer sans retard de la conception à l'exécution. Un premier essai eut lieu le 10 janvier 1849 à Folkstone, et M. Walker, embarqué sur le paquebot *la Princesse Clémentine*, put, à l'aide de son fil plongé dans la mer, correspondre instantanément avec l'administration de Londres. Cette expérience décisive encouragea quelques spéculateurs hardis de l'un et de l'autre côté du détroit; une compagnie anglo-française se forma sous la direction de M. Jacob Brett, qui obtint du gouvernement français le monopole décennal, à partir du 1er septembre 1850, des communications électriques entre les deux pays.

On choisit, pour points extrêmes de la ligne transmarine, Douvres en Angleterre, le cap Grinez, près Calais, en France; un fil fut fabriqué et recouvert d'une couche de gutta-percha de 6 millimètres d'épaisseur; il avait 45 kilomètres de long. Les opérations commencèrent le mardi 28 août 1850, et le 30 on lisait dans le journal anglais le *Morning-Post :*

« (Mercredi soir.) — L'intéressante opération du jet à la mer du conducteur a commencé ce matin à dix heures et demie. Le steamer *le Goliath*, parti du quai du Gouvernement, a dévidé son fil métallique, épais d'un dixième de pouce, et renfermé dans une gaîne de gutta-percha. La partie (d'environ 300 mètres) qui ne plonge pas dans la mer est renfermée dans un tube de plomb, pour la protéger contre les frottements. Le steamer a continué son opération sur le pied de trois à quatre milles à l'heure, en se dirigeant en ligne droite vers le cap Grinez.

« A environ huit heures du soir, la communication était établie, ainsi que le prouve la dépêche télégraphique suivante reçue à Douvres :

« Cap Grinez, côte de France, huit heures et demie du soir.

« *Le Goliath* est arrivé sain et sauf, et le fil conducteur sous-marin, dont l'extrémité est à Douvres, aboutit à la falaise. Pour la première fois, la France et l'Angleterre peuvent échanger des compliments au travers et au moyen des profondeurs du détroit. »

Le *Standard* du même jour ajoutait les lignes suivantes :

« La plus grande difficulté que les ingénieurs s'attendaient à rencontrer dans le trajet du fil conducteur, était à un point situé au 'milieu du détroit. C'est une profonde vallée sous-marine, bornée dans sa longueur par deux crêtes que les Français appellent le Colbart et la Varne. Ces montagnes s'étendent l'une à une distance de 17, et l'autre de 12 milles. L'immense gouffre qu'elles circonscrivent est surtout redouté des marins, à cause des sables mouvants où l'on est exposé à perdre ses ancres, ses filets, etc. Cependant on a heureusement, à ce qu'il paraît, surmonté cet obstacle, et le fil a été, pense-t-on, déposé à une profondeur qui le met à l'abri des ancres des navires, des engins de pêche et des monstres marins. Toutefois il sera curieux de savoir comment il pourra résister à la violence des courants et des commotions dont ces sortes de vallées sont censées le siége. »

La crainte exprimée dans ce dernier article ne tarda malheureusement pas à se trouver justifiée : le fil se rompit un beau jour à peu de distance des côtes de France. La compagnie Jacob Brett se mit en liquidation ; mais une autre se forma presque aussitôt avec l'autorisation de la reine, sous le nom de *Submarine telegraph company*, au capital de 2,500,000 fr.

Un nouvel appareil conducteur fut construit. Il était formé de quatre fils de cuivre renfermés chacun dans une gaîne en gutta-percha, et tressés avec quatre cordes de chanvre, le tout soudé et enduit avec un mélange de suif et de goudron, puis enroulé dans une autre corde de chanvre fortement serrée par des fils de fer galvanisés. Ce fil, ou plutôt ce câble conducteur, présentait toutes les conditions désirables de souplesse et de solidité. Il coûtait plus de 300,000 francs.

L'opération de la *pose* de ce câble entre Douvres et Sangatte commença le 25 septembre 1851, à bord du *Blazer*, sous la direction de MM. Wollaston et Crampton, ingénieurs de la compagnie. Mais le fil se trouva trop court : il fallut abandonner le soir, amarrée à une bouée, sur une mer houleuse, à un kilomètre de la côte, l'extrémité destinée à la station française, et fabriquer à la hâte un nouveau tronçon provisoire pour parfaire la longueur voulue. Ce travail supplémentaire dura deux jours, après lesquels on retrouva heureusement intact sur sa bouée le bout du grand câble, qu'on put ainsi mettre en communication avec la côte. Enfin, le 13 novembre 1851, tout étant réparé et convenablement installé, eut lieu l'inauguration de la nouvelle ligne sous-marine qui, par Douvres et Calais, reliait entre elles les capitales des deux États les plus florissants de l'Europe. Ce beau résultat ayant encore paru insuffisant, on supprima les stations intermédiaires, et depuis le 2 novembre 1852, Paris et Londres sont en rapport direct par une ligne électrique non interrompue.

Cinq mois auparavant une communication semblable avait été établie entre l'Irlande et la Grande-Bretagne, par le canal Saint-Georges, entre Holyhead et Howth (1). En si beau chemin l'on ne peut s'arrêter : la compagnie du Télégraphe sous-marin décida, dans la même année, que l'empire britannique serait mis en relation électrique avec la Belgique par un fil dont les deux extrémités seraient fixées à Douvres et à Ostende, et avec la Hollande par Harwich et Schereningue. Le gouvernement hollandais a, pour son compte, accordé à M. Ruyssenden, de Rotterdam, la concession de cette dernière entreprise. Les travaux, as-

(1) Le 1er juin 1852.

sure-t-on, touchent maintenant à leur terme. Puisse un succès éclatant et durable couronner des efforts qui, bien que tentés dans un but d'intérêt commercial, n'en auront pas moins une heureuse et décisive influence sur le progrès de la civilisation et sur l'union morale et intellectuelle des nations policées !

Un projet plus merveilleux et plus gigantesque que ceux dont nous venons de parler (le projet d'un télégraphe qui, traversant l'océan Atlantique, unirait l'ancien monde au nouveau), a pris naissance dans quelques-uns de ces esprits audacieux toujours prompts à considérer comme aisément exécutable ce qui séduit leur ardente imagination. Sans vouloir condamner ces généreuses espérances, il est difficile à qui raisonne froidement de ne pas se sentir pris de vertige à la pensée des difficultés formidables qui semblent s'opposer à leur réalisation. Et d'un autre côté, tant de merveilles considérées longtemps comme des chimères absurdes se sont produites depuis un petit nombre d'années, qu'une incrédulité absolue à cet égard serait aussi peu raisonnable qu'une confiance trop aveugle. Qui de nous peut se dire l'interprète des volontés de la Providence, et fixer les limites où s'arrêtera le génie humain?... Entre les hallucinations d'un enthousiasme irréfléchi et l'aveuglement d'une obstination inintelligente, il est un milieu qu'indiquent l'expérience et la saine raison. La maxime est simple et facile à suivre; nous la recommandons spécialement à nos jeunes lecteurs : Ne nier *a priori* que ce qui est impossible en soi; douter de ce qui n'est pas rigoureusement démontré; enfin tenir ouverts les yeux de notre esprit, afin que la lumière y puisse toujours pénétrer.

NOTE SUR LE CHAPITRE III.

MÉCANISME FONDAMENTAL DU TÉLÉGRAPHE ÉLECTRIQUE. — Le fil conducteur s'enroule autour de deux cylindres ou bobines en fer doux qui forment un double *electro-aimant;* les prolongements du fil lui-même communiquent avec les deux pôles d'une pile placée à une distance quelconque. Un peu au-dessus des bases supérieures des cylindres, et parallèlement à ces bases, se trouve un disque en fer muni à son centre d'une tige que supporte un ressort en acier. Supposons maintenant que le courant électrique s'établisse : les deux cylindres, transformés tout à coup en double aimant, attireront le disque, qui viendra s'appliquer contre leur face plane. Si, dans le moment d'après, le courant cesse de circuler, le disque cessera en même temps d'être attiré, et obéissant alors au ressort auquel il est fixé, reprendra sa position première. De là un mouvement de va-et-vient indéfiniment reproductible et qu'on peut de vingt façons utiliser pour l'exécution des signes et signaux.

LES FEUX DE GUERRE

INTRODUCTION

Le feu, ce phénomène à la fois si bienfaisant et si terrible, que les philosophes de l'antiquité croyaient être le plus pur de leurs quatre éléments, le principe qui avait donné la vie au monde, et par qui le monde devait finir; le feu, objet du culte mystérieux des mages d'Orient; le feu, que la nature engendre dans ses convulsions, que le ciel lance du sein des nuages, et que la terre vomit par le cratère des volcans; le feu, signe de la colère divine, instrument du supplice éternel des méchants; le feu, disons-nous, ne pouvait manquer, dès que l'homme saurait s'en emparer et en diriger la puissance, de devenir entre ses mains un agent incomparable de production et de destruction.

Sans le feu, point d'agriculture, point d'industrie, point de civilisation. Les hommes fussent
restés éternellement incultes et misérables, expo-
sés presque sans défense à la dent des bêtes fauves
et à la rigueur des frimas; incapables de tirer
aucun parti des richesses immenses répandues
autour d'eux et enfouies dans les entrailles de la
terre; réduits, pour toute nourriture, aux fruits
des arbres ou à la chair crue des animaux : et
peut-être leur espèce n'eût pas tardé à disparaître
entièrement. — Mais sans le feu aussi, point de
villes réduites en cendres, point de moissons con-
sumées, point de contrée, hier fertile, peuplée et
florissante, aujourd'hui changée en un vaste désert
jonché d'ossements calcinés et de débris fumants!
La guerre eût été fatalement bornée à des luttes
où l'on ne se fût servi d'autres armes que de
bâtons, de pierres, tout au plus de flèches garnies de cailloux anguleux, d'épines d'arbres, de
dents d'animaux ou d'arêtes de poissons, et dont
un bouclier de cuir ou d'écorce eût aisément paré
les coups. — Hélas! il faut l'avouer à notre honte,
c'est là un exemple frappant de l'usage funeste que

nous savons faire des merveilles créées pour notre bonheur! Le feu est un de ces bienfaits de la Providence que notre malice a dénaturés autant qu'il était en elle, et qu'elle a convertis en fléaux. Mais encore serait-ce une erreur de croire que la férocité humaine se fût adoucie faute d'instruments pour s'exercer, ou que la guerre est d'autant moins meurtrière que les moyens de combattre sont plus imparfaits. C'est le contraire qui est la vérité. On s'en convaincra sans peine si l'on se rappelle combien le sauvage le plus ignorant et le plus stupide est ingénieux à trouver mille manières d'atteindre, de faire souffrir et de tuer son ennemi, et si l'on compare ce qu'était la guerre dans l'enfance de l'art stratégique à ce qu'elle est de nos jours, où l'on en a fait une véritable science à laquelle toutes les autres sciences prêtent leur concours. Il faut sans doute réprouver l'orgueil, l'ambition, les haines, les jalousies, qui poussent les armées aux champs de bataille; il faut déplorer les désastres que ces passions impies attirent sur les nations, les deuils où elles plongent les familles; mais il ne faut pas oublier que le remède naît souvent de l'excès du mal ; et si jamais la paix doit définitivement se rétablir entre les États, nous le devrons peut-être en partie à ce que les moyens de destruction auront atteint un degré de puissance tellement formidable que la guerre sera devenue impossible.

Suivons donc sans effroi les FEUX DE GUERRE dans leurs développements ; et consolons-nous du mal qu'ils ont fait en songeant à celui qu'ils ont empêché, en songeant surtout que cet art meurtrier de la pyrotechnie militaire est destiné, selon toute apparence, à périr par le suicide, entraînant dans sa ruine la guerre dont il est devenu l'âme.

PREMIERE PARTIE

LE FEU GRÉGEOIS

I

Rôle primitif du feu dans la guerre. — Mélanges inflammables : leur origine ; leur introduction en Europe sous le nom de *Feu grégeois*.

Le feu joue un rôle capital dans l'histoire des luttes sanglantes qui, depuis la formation des sociétés, désolent notre malheureuse planète. Le jour où pour la première fois deux tribus sauvages se disputèrent par les armes la possession d'une terre de chasse ou d'un pâturage, l'une d'elles au moins dut songer à se servir du feu pour détruire les huttes, les plantations et les bestiaux de l'autre. La première *arme à feu* fut donc une branche d'arbre résineux enflammée à l'une de ses extrémités, et qu'il fallut porter à la main ou lancer d'une faible distance sur l'objet qu'on voulut embraser. Plus tard, on s'avisa d'envelopper de branchages allumés des animaux qu'on lâchait furieux et flamboyants sur le camp ou sur le territoire du peuple avec lequel on était en guerre. Ce fut ainsi que Samson détruisit les moissons des Philistins, en y lançant trois cents renards attachés les uns aux autres, et chargés de lianes sèches auxquelles il avait mis le feu (1). C'est le premier essai de *télémachie* (2) pyrotechnique dont l'histoire fasse mention. Depuis, on eut souvent recours à des artifices semblables; mais il s'écoula sans doute beaucoup de temps encore avant qu'on apprît à préparer de véritables projectiles incendiaires, et l'antiquité ne nous a point laissé de monument où nous trouvions sur ce sujet des renseignements positifs.

Ce qu'on peut aujourd'hui considérer comme certain, c'est que la pyrotechnie proprement

______

(1) Bible, Livre des Juges, ch. xv, versets 4 et 5.

(2) Nos lecteurs voudront bien nous pardonner ce néologisme, que nous nous permettons pour éviter une périphrase. Nous formons notre substantif des deux mots grecs τῆλε, *loin*, et μάχομαι, *combattre*. *Télémachie* signifie donc l'action de *combattre de loin*.

dite prit naissance en Orient. A une époque très-reculée, les Chinois, les Indiens, les Mongols, les Persans savaient composer et employaient dans les siéges, dans les combats sur mer et dans les fêtes publiques, divers mélanges inflammables. Ces mélanges étaient faits de matières ayant la propriété d'adhérer fortement aux corps contre lesquels on les appliquait, de continuer à brûler sur l'eau, et d'être difficilement éteints par ce liquide. Ils étaient formés d'huiles, de goudron et d'autres substances grasses ou résineuses dont la chaleur du climat favorisait l'action, et leur usage était répandu dans toute l'Asie longtemps avant qu'on les connût en Occident.

Les premiers Européens qui se servirent d'un mélange semblable furent les Grecs du Bas-Empire, d'où le nom de *feu grégeois*. Eux-mêmes l'appelaient *feu préparé* (ἐσκευάσμενον πῦρ). Il leur fut apporté par un architecte syrien nommé Callinique, qui s'en attribua l'invention. Ce Callinique avait suivi le khalife Mouraïa au siége de Constantinople, où régnait alors Constantin IV, surnommé *Pogonat* ou *le barbu;* bientôt il passa du côté des Grecs, et

vin t offrir à l'empereur de lui livrer un secre
grâce auquel sa flotte deviendrait invincible et
sa capitable imprenable. Constantin accueillit
avec enthousiasme une offre aussi avantageuse,
et s'en servit avec succès pendant cinq années
pour repousser les attaques réitérées des musulmans. Il déclara *secret d'État* la préparation du
feu grégeois, et voulut qu'elle fût exclusivement confiée à Callinique et à ses descendants.
Les peines les plus sévères furent en même
temps portées contre quiconque oserait en divul-
guer le mystère ou chercherait à le pénétrer.
Lors de la première croisade, les princes chrétiens demandèrent à Alexis Ier Comnène, pour
combattre les infidèles, le puissant secours de
son feu artificiel ; mais Alexis se garda bien
de leur communiquer un procédé qu'il consi-
dérait comme le palladium de son empire ; et
tout ce que les croisés purent obtenir de lui,
ce fut qu'il leur prêtât un certain nombre de
vaisseaux montés exclusivement par des marins
et des artificiers grecs, et munis de la composition incendiaire.

Malgré toutes ces précautions, le secret finit
par s'éventer, soit par l'effet d'une trahison,

soit par suite des rapports qui , après les croisades , s'établirent forcément entre les Européens et les Arabes. Ceux-ci, en effet, connaissaient le feu grégeois aussi bien et mieux que les Grecs ; ils le tenaient probablement des Indiens et des Chinois, avec lesquels ils entrèrent en relation dès le premier siècle de l'*hégire* (VIIe de notre ère), et s'en servaient non-seulement dans les siéges et sur mer comme faisaient les Grecs, mais encore dans les batailles rangées, ainsi que nous le verrons tout à l'heure. Chez eux, la préparation des mélanges inflammables était dans le domaine public; plusieurs savants de leur nation en parlent très-explicitement dans des ouvrages dont quelques-uns sont parvenus jusqu'à nous; et tout fait présumer que ce fut par eux qu'on connut en Occident, non-seulement le feu grégeois, mais encore la poudre à canon.

II

Composition et emploi des mélanges inflammables chez les Grecs et chez les Arabes. — Décadence du feu grégeois. — Fables et préjugés auxquels il a donné lieu.

MM. Reynaud et Favé (1) ont trouvé à la bibliothèque de Leyde un très-ancien manuscrit arabe où sont décrites la composition *du feu qui brûle sur l'eau*, et la manière de frapper l'ennemi avec des seringues. Or, ce *feu qui brûle sur l'eau* n'était autre chose qu'un mélange intime de poix, de résine, d'huile de naphte épurée et de soufre. Tantôt on l'employait sous forme de brûlots, que les vagues et le vent poussaient contre les navires ; tantôt on le lançait au moyen de balistes et d'autres machines analogues, ou bien on disposait à l'avant des vaisseaux des tubes d'où il était chassé violemment par la pression d'un piston. Le déplacement brusque de l'air dans ces appareils, assez semblables au jouet que les

(1) Auteurs d'un remarquable ouvrage sur les *feux de guerre* et le *feu grégeois*.

enfants appellent *canonnières*, produisait une sorte de détonation ; et c'est là sans doute ce qui fit dire à l'empereur Léon le Philosophe, dans son traité *de la Tactique : « ....* Tels sont ces feux préparés dans des tubes d'où ils partent avec un bruit de tonnerre et une fumée enflammée, qui va brûler les vaisseaux sur lesquels on les envoie. » Souvent aussi on enfermait le mélange dans des pots ou bouteilles dont l'orifice était muni d'une mèche allumée, et qu'il suffisait de jeter ou simplement de laisser tomber d'un lieu élevé, pour qu'en se brisant ils répandissent la flamme et la terreur sur les navires ou dans les rangs ennemis. Enfin, les soldats portaient cachés sous leurs boucliers des siphons à main (χειροσίφωνα) pleins de feu artificiel, qu'ils lançaient au visage de leurs adversaires. On attribue à l'empereur Léon le Philosophe l'invention de ces siphons.

MM. Reynaud et Favé citent également un auteur nommé Marcus Græcus ou *le Grec*, dont le manuscrit intitulé *Liber ignium ad comburendum hostes tam in mari quam in terra*, a été imprimé à Paris en 1804. Suivant cet écrivain, peut-être apocryphe, on peut produire

le feu grégeois avec une préparation formée
d'une partie en poids de sel ammoniac, une
partie de sandaraque et quatre parties de poix,
le tout chauffé doucement en vase clos. Pour
ce qui est du moyen d'employer cette mixture,
il consiste, d'après le même auteur, à l'en-
fermer dans une outre qu'on plante au bout
d'une broche enduite de naphte et fixée per-
pendiculairement sur une planche enduite aussi
de la même substance; on met le feu à l'appareil, on le lance du rivage dans la mer,
« ..... et, dit Marcus, l'appareil marchant sur
les eaux met le feu à tout ce qu'il rencontre. »
Mais encore fallait-il qu'il rencontrât quelque
chose; et l'on est en droit de supposer que
ceux contre lesquels un semblable engin était
dirigé, ne devaient pas avoir beaucoup de
peine à l'éviter.

En général, tous les écrivains du moyen âge
qui ont parlé du feu grégeois en ont fort
exagéré la puissance; mais ce que nous pouvons, en ce genre, offrir de plus curieux à
nos lecteurs, c'est un passage du manuscrit
arabe dont nous parlions il y a un instant.
L'auteur y décrit avec une pompe et une naï-

veté plus qu'orientales les effets épouvantables d'un liquide où il fait entrer du naphte bleu, de la marcassite, du soufre, du vinaigre et... *de l'urine d'enfant.* Nous citons textuellement la traduction que donnent MM. Reynaud et Favé de ce morceau caractéristique.

« Lorsque tu voudras détruire un château, un mur ou toute autre construction, ordonne aux artificiers de tirer des vases une portion de ce naphte.... ils le lanceront sur l'objet que tu veux détruire. Aie soin de choisir le moment où le vent est favorable, c'est-à-dire tourné contre l'ennemi... Après cela, tu feras avancer d'autres hommes avec du feu et du naphte. En effet, *le feu du naphte, lorsqu'il a ressenti les exhalaisons de ce liquide,* s'enflamme, s'étend, grandit et produit un grand bruit et un sifflement terrible. Le spectacle qui s'offrira à tes yeux sera horrible : tu verras le château, *s'il est bâti en quartiers de pierre, s'ébranler et se fendre ;* les blocs se précipiteront les uns sur les autres avec le bruit du tonnerre... *Si le château est bâti en pierres et en mortier,* tu le verras, *au bout d'une heure, démoli et consumé ;* s'il reste quelques débris qui ne soient pas brûlés, fais approcher les artificiers avec le liquide préparé et du naphte : le naphte prendra feu, et ce qui est dans l'intérieur sera consumé. Il s'élèvera une fumée épaisse, et l'ennemi périra à la fois par la puanteur et par l'incendie; *il ne se sauvera que ceux qui auront pris la fuite* avant de sentir la mauvaise odeur et avant que le feu les ait atteints. Personne, pendant trois jours, ne pourra pénétrer sur le théâtre de l'incendie, à cause de sa fumée, *de son obscurité* et de sa puanteur. Si tu veux mettre en fuite les défenseurs de ce château, ramasse beaucoup de bois à la porte, et *attends qu'il souffle un vent violent contre l'édifice.* Tu ordonneras aux ouvriers en naphte de lancer sur le bois du liquide préparé; ensuite ils attaqueront le bois avec du feu de naphte. Quand les défenseurs du château sentiront l'odeur de cette eau, ils périront, *et il ne se sauvera que ceux qui auront pris la fuite.* On ne pourra pas se maintenir un seul instant dans le château à cause de la fumée, de l'obscurité, de l'odeur infecte et de la chaleur. *Si la porte du château est en fer,* et que tu veuilles en forcer l'entrée, fais-y lancer de cette eau,

puis tu l'attaqueras avec du feu de naphte ;
la porte sera brisée, mise en pièces ; elle tom-
bera par terre à l'heure même... »

En réalité, *le feu de naphte* n'était, nous le
répétons, qu'une préparation incendiaire, dangereuse sans doute pour les navires, les édi-
fices et les constructions en bois ; dangereuse
même pour les hommes qu'elle atteignait ; on
pouvait y ajouter certaines substances qui,
en se dégageant et en réagissant les unes sur
les autres, donnassent naissance à des gaz
infects et délétères tels que le sulfure de carbone, l'hydrogène sulfuré, etc. ; mais de là
aux effets que lui attribue si généreusement
l'écrivain arabe, il y a loin, et les divagations
de ce visionnaire ne souffrent pas le moindre
examen, ni ne méritent qu'on le réfute.

Quoi qu'il en soit, les musulmans faisaient
grand cas des mélanges inflammables, et ils
portèrent l'art de les employer au plus haut
degré de perfection où l'état de la science
permît alors d'arriver. Non contents de se
servir d'arbalètes, de machines à fronde, de
flèches et de *lances à feu*, ils imaginèrent une
arme terrible : c'était la *massue à asperger,*

sorte de goupillon chargé du liquide bitumineux, et qu'ils secouaient sur leur ennemi de façon à le couvrir de flamme (1). Ils firent plus : pour jeter le désordre dans les rangs d'une armée en frappant de terreur les hommes et les montures, éléphants et chevaux, ils lançaient contre elle des *cavaliers flamboyants*. On recouvrait l'homme d'un manteau et le cheval d'un caparaçon en laine imbibés d'huile de naphte, et garnis en outre de clochettes dont le tintement devait donner au monstre artificiel quelque chose de plus effrayant; mais pour empêcher que l'homme et le cheval fussent eux-mêmes brûlés, leur armure inflammable était doublée d'un vêtement protecteur également en laine, et enduit d'un mastic fait avec du vinaigre, de l'argile rouge, du talk dissous, de la sandaraque et de la colle de poisson. Ainsi équipé, le cavalier *s'allumait* et se dirigeait à fond de train contre la ligne ennemie; mais ce stratagème ne pouvait réussir que contre des guerriers pris à l'improviste

(1) A la fin du xiiie siècle, lors de l'invasion des Tartares, les Égyptiens avaient parmi eux des cavaliers armés de lances à feu, de massues à asperger et de flacons remplis du même mélange, et dont le goulot était enduit de soufre.

ou ne connaissant ni la propriété du feu de naphte, ni la limite du parti qu'on en pouvait tirer ; et encore fallait-il que les *cavaliers flamboyants* calculassent bien leur distance, afin de ne pas s'éteindre avant d'être arrivés à leur but. Dans le cas contraire, non-seulement le stratagème avortait, mais encore il perdait son prestige, et partant sa virtualité. Ce fut ce qui arriva l'an 1300, dans la bataille que livra le sultan d'Égypte à Gazan, khan des Mongols, près d'Émèse en Syrie. « Au moment où l'action allait s'engager, disent MM. Reynaud et Favé, d'après l'historien arabe Makrizi, Gazan commanda à ses troupes de rester immobiles et de ne bouger que lorsqu'il en donnerait le signal. Tout à coup cinq cents mameluks choisis parmi les artificiers sortent des rangs de l'armée égyptienne, leur naphte allumé, et s'élancent de toute la vitesse de leurs chevaux ; mais au bout d'un certain temps, comme les Mongols étaient restés en place, le naphte s'éteint, et les artificiers, déjoués dans leur manœuvre, se voient obligés de retourner sur leurs pas. C'est alors que Gazan commande l'attaque. »

Ce fut surtout contre les chrétiens, dans les deux dernières croisades (1), que les Sarrasins se servirent avec succès du feu grégeois. Il faut lire les chroniqueurs du temps, notamment Joinville, pour se faire une idée des terreurs paniques qu'inspiraient aux croisés les armes étranges des musulmans. D'ordinaire pourtant les chrétiens en étaient quittes pour la peur, ou le mal réel produit par ces feux tant redoutés se bornait à quelques brûlures assez légères ; mais on sait qu'en ces temps d'ignorance, tel guerrier qui, pour obéir aux lois de l'honneur et de la religion, eût affronté mille morts, lâchait pied, ou même demeurait pétrifié par la frayeur, devant la moindre apparence d'un danger regardé comme surnaturel. Or, les engins ignifères des Africains ressemblaient si peu à toutes les machines de guerre connues en Europe, que les chevaliers et leurs hommes d'armes purent bien voir dans les lances à feu et dans les massues à asperger des inventions infernales, et prendre les cavaliers flamboyants pour des diables envoyés par

(1) Dirigées par saint Louis contre les musulmans d'Afrique (1248-1270).

Satan au secours des infidèles. Au reste, cette première impression fut de courte durée, et lorsque les Européens eurent vu de près le feu grégeois, ils apprirent bientôt à s'en préserver aussi aisément que les Orientaux eux-mêmes, et cessèrent de lui attribuer des propriétés magiques qu'il était loin de posséder. Néanmoins, les amateurs *quand même* de merveilleux continuèrent longtemps à répandre sur cette composition des récits qui se sont assez accrédités pour se voir accueillis par plus d'un écrivain réputé sérieux; et c'est à peine si, au moment où nous écrivons, une petite minorité de gens éclairés sait à quoi s'en tenir sur ce qui concerne le feu grégeois. Bon nombre de personnes sont encore fermement persuadées que ce feu était inextinguible; que l'eau, loin de l'étouffer, ne faisait qu'augmenter sa furie; qu'il continuait de brûler à une certaine profondeur dans la mer, etc., etc.... Et si vous demandez quels étaient donc les éléments dont la combinaison produisait des résultats si contraires à toutes les lois connues de la physique et de la chimie, on vous répondra avec candeur que *la recette est perdue*, et qu'on *n'a jamais pu la retrouver!*...

La vérité est qu'à la suite des croisades, ce grand secret ne tarda pas à être connu de tout le monde, et que le feu grégeois, réduit ainsi à son rôle primitif et réel de procédé incendiaire, fut employé comme tel, non-seulement par les Orientaux, mais encore par les Européens, entre les mains de qui il devint une arme très-commune et très-secondaire. Peu à peu, et surtout après l'introduction de la poudre à canon, on en fit un usage de moins en moins fréquent, et l'on finit même par l'abandonner à peu près complétement, pour se servir des armes bien plus puissantes qu'on apprit à confectionner. Si donc la recette en a été perdue, c'est qu'elle ne valait guère la peine d'être conservée; et c'est pour une pareille raison qu'on a longtemps négligé de la rechercher. Car le feu grégeois n'offre plus rien d'intéressant aujourd'hui qu'au point de vue historique et spéculatif; son mérite le plus réel est d'avoir précédé et amené l'invention de la poudre, et c'est à ce titre que nous avons cru devoir en entretenir nos lecteurs avec quelque développement.

DEUXIÈME PARTIE

LA POUDRE A CANON

I

Précis historique. — Erreurs sur l'origine de la poudre et
ses prétendus inventeurs. — La poudre chez les Orientaux.
— Son introduction en Europe. — Premières armes à
poudre. — Armes modernes.

C'est un préjugé assez généralement admis ,
que toute invention suppose un inventeur;
et les historiens, en vertu de cet axiome, se
croient souvent obligés de désigner par ses
nom et prénoms l'auteur de chacune des
découvertes qu'ils ont à signaler. Plusieurs le
font naïvement, sur la foi de documents dont
ils ne se donnent pas la peine de constater l'authenticité; d'autres n'ont en vue que d'éblouir
leurs lecteurs par l'étalage d'une fausse érudition, et ne se font pas faute au besoin, un
inventeur manquant, de le créer tout exprès.

Cette sorte de charlatanisme est heureusement devenue plus rare, aujourd'hui qu'on s'occupe avec plus de soin à fouiller les arcanes du passé, et que les progrès de la science permettent de distinguer plus aisément l'erreur et le mensonge d'avec la vérité. Mais autrefois on pouvait débiter, sans courir grand risque d'être démenti, des fables que le vulgaire ignorant et crédule acceptait sans examen. Nous venons d'en voir un exemple à propos du feu grégeois. Ce qu'on a dit sur l'invention de la poudre à canon nous en offre un second non moins digne d'être signalé.

Cette dernière découverte est, sans contredit, un des événements les plus décisifs de l'histoire, un de ceux qui ont influé et doivent influer encore le plus puissamment sur les destinées de notre monde, dont les habitants dépensent à s'entre-tuer la moitié de leur temps et de leurs forces. Eh bien, consultez sur l'origine de la poudre ces romanciers parés du titre d'historiens. L'un vous dira qu'elle a été inventée par le moine anglais Roger Bacon (1); l'autre,

(1) Roger Bacon, né à Ilchester en 1214, mort à Oxford en 1292, était peut-être l'homme le plus savant de son siècle.

qu'on la doit au moine suisse ou allemand Ber-

Certains passages de ses volumineux ouvrages prouvent évidemment qu'il connaissait les propriétés de la poudre à canon, alors que cette poudre était encore ignorée de toute l'Europe chrétienne; mais il a, dans les mêmes passages, donné d'avance un démenti formel à ceux qui lui en attribuent l'invention, puisqu'il y déclare que le mélange du salpêtre avec le soufre et le charbon était de son temps, dans plusieurs contrées, un jouet aux mains des enfants. Il paraît, du reste, se soucier peu d'en faire connaître la formule; dans son livre intitulé *De secretis operibus artis et naturæ*, il la donne en un langage anagrammatique intelligible sans doute pour ceux seulement qui étaient initiés aux sciences occultes. Et dans son *Opus majus*, dédié au pape Clément IV, il se borne à décrire avec beaucoup d'exagération les effets de la préparation salpêtrée. Voici, du reste, les deux passages auxquels nous faisons allusion : nous mettons en regard le texte et la traduction littérale :

« Sed tamen salis petræ [*luru vope vir can utriet*] sulphuris, et sic facies tonitrum et coruscationem, si scias artificium. (*De secretis Operibus artis et naturæ.*)

« Mais cependant du salpétre... [*mots intraduisibles*] du soufre, et ainsi tu feras du tonnerre et de l'éclair, si tu connais l'artifice. (*Des Œuvres secrètes de l'art et de la nature.*)

« Quædam vero auditum perturbant in tantum, quod si subito de nocte et artificio sufficienti fierent, nec posset civitas nec exercitus sustinere. Nullius tonitrus fragor posset talibus comparari. Quædam tantum terrorem

« Certaines choses troublent l'ouïe au point que si elles se produisaient subitement la nuit, et avec un artifice suffisant, aucune cité, aucune armée ne les pourrait supporter. Le bruit d'aucun tonnerre ne pourrait leur être

told Schwartz (1); un troisième, que le premier qui composa ce terrible mélange fut un moine français appelé Jean Tilleri (2), lequel a

comparé. Certaines choses impriment tant de terreur à la vue, que les éclairs des nuages la troublent bien moins, sans comparaison. Et nous faisons l'expérience de cette chose *par cet amusement puéril qui se pratique en plusieurs parties du monde*, à savoir qu'un instrument étant fait de la grosseur du pouce d'un homme, par la violence de ce sel qui est 'appelé *sel de pierre*, il nait un son si horrible de la rupture d'un peu de matière, c'est-à-dire d'un peu de parchemin, qu'on sent qu'il dépasse le rugissement d'un fort tonnerre, et que l'éclat de sa lumière surpasse le plus violent éclair. » *(Grand œuvre.)*

visui incutiunt, quod coruscationes nubium longe minus et sine comparatione perturbant. Et experimentum hujus rei capimus *ex hoc ludicro puerili quod fit in multis mundi partibus*, scilicet ut instrumento facto ad quantitatem pollicis humani, ex violentia illius salis qui *sal petræ* vocatur, tam horribilis sonus nascitur in ruptura modicæ rei, scilicet modici pergameni, quod fortis tonitrui sentiatur excedere rugitum, et coruscationem maximam sui luminis jubar excedit. » *(Opus majus.)*

(1) Personnage problématique auquel on a aussi attribué l'invention des armes à feu, et dont nous aurons occasion de reparler plus loin.

(2) Personnage encore plus problématique que le précédent : on n'a sur lui aucune donnée offrant le moindre caractère de probabilité.

donné son nom à l'artillerie (*art-de-Tilleri*) (1).
Pas un n'aura le courage d'avouer qu'il n'en
sait rien : seule réponse raisonnable pourtant
que comporte cette question, à moins qu'on ne
dise, ce qui revient à peu près au même, que
l'invention de la poudre n'appartient à aucun
individu en particulier ; que tout au plus peut-
on l'attribuer à une nation plutôt qu'à une
autre, et qu'elle est au résumé, comme tant
d'autres, l'œuvre du temps et de l'expérience.

La Chine est le pays du monde où le salpêtre
est le plus abondant et le plus facile à recueillir,
puisqu'il s'y effleurit à la surface du sol, et
qu'on peut s'en procurer de grandes quantités
non-seulement en l'extrayant des terres par le
lessivage, mais même en l'enlevant avec des
pelles. La propriété qu'il possède de fuser avec
éclat sur des charbons ardents, en activant la

(1) La véritable étymologie du mot *artillerie* est assez
incertaine. Selon les uns, il vient du vieux verbe français
artiller; selon d'autres, des deux mots latins *ars tollendi*
(art d'enlever), ou de *ars teli* (art du trait, des armes qui
se lancent), ou enfin de *artio-ire* (faire entrer de force). Le
fait est que l'artillerie existait longtemps avant la poudre et
les canons : c'était alors l'ensemble des machines de guerre,
balistes, béliers, catapultes, etc., dont on se servait dans
les siéges ; l'invention de la poudre n'a fait que la modifier.

combustion d'une manière très-sensible, ne put être longtemps ignorée des Chinois, et c'est une conjecture très-rationnelle, que de croire qu'ils eurent les premiers l'idée d'ajouter le nitre aux compositions inflammables dont ils se servirent de bonne heure, tant dans la guerre que dans les fêtes publiques ou particulières. Est-il vrai, comme l'ont affirmé quelques orientalistes et quelques voyageurs, que la connaissance de la poudre, de sa fabrication, de ses usages, remonte chez eux au berceau de leur civilisation (1)? — Il est permis d'en douter. Toutefois des témoignages irréfragables prouvent que le mélange du salpêtre avec le soufre et d'autres corps combustibles leur était familier bien antérieurement à son introduction en Europe. Au xie siècle ils fabriquaient des armes et des machines telles que les *flèches à feu,* les *ruches d'abeilles,* les *foudres de terre,* etc. ; et environ deux cents ans plus tard, leur pyrotechnie avait atteint un degré de perfection qui, chez un peuple

(1) Le R. P. Lecomte, jésuite, dit que les Chinois ont eu de la poudre *de tout temps*; que de là elle a passé dans les Indes voisines, et ensuite en Europe.

aussi lent dans ses progrès intellectuels, suppose nécessairement une origine fort ancienne. « Les Chinois assiégés en 1232 dans Kaï-Fong-Fou par les Mongols, dit M. Quatremère de Quaincy (1), lançaient sur eux des boulets de pierre ronds de différents poids. Il y avait aussi dans cette ville des *ho-pao* ou *tchin-tieu-leï* à feu, dans lesquels on mettait de la poudre. Cette poudre prenant feu, ils éclataient comme un coup de tonnerre et se faisaient entendre à plus de cent *ly;* leurs effets s'étendaient à un demi-arpent à la ronde. Comme les Mongols s'étaient creusé sous terre des retraites où ils étaient à l'abri des coups, on s'avisa de lier avec des chaînes les machines appelées *tchin-tieu-leï*, et on les descendit dans le lieu où étaient les sapeurs mongols; elles prirent feu et mirent en pièces les hommes et les boucliers. Les Chinois avaient encore une espèce de javelots qu'ils appelaient *feï-ho-tsiang* (*javelots de feu qui vole*); dès que la poudre qu'ils y mettaient prenait feu, ces javelots étaient poussés à plus de dix pas et faisaient des blessures mortelles. »

(1) Traduction de l'*Histoire des Mongols.*

Les Indiens, de leur côté, possédaient vers le même temps certaines armes à feu, dont ils attribuaient l'invention à Visvacarma (le Vulcain des Grecs et des Latins), qu'ils considéraient aussi comme le fabricateur de la foudre (1). Ce furent sans doute les Chinois ou les Indiens qui transmirent aux Arabes l'usage des mélanges salpêtrés, comme ils leur avaient transmis celui du feu grégeois. Cela paraît ressortir de l'un des noms que les musulmans donnaient au salpêtre : ils l'appelaient *baroud blanc* ou *neige de Chine*. Il existe à la bibliothèque impériale de Saint-Pétersbourg un manuscrit arabe, que M. Reinaud a fait connaître ; c'est un traité fort étendu d'art militaire. L'auteur, .Nedjin-Eddin-Hassan-le-Bossu, mourut l'an 695 de l'hégire (1295 de l'ère chrétienne) ;

(1) Malthus , ingénieur qui vivait au xvie siècle, dit dans son *Traité d'artillerie :* « Il y a bien apparence que le canon était inventé devant le temps d'Alexandre le Grand, ou pour le moins de son temps, etc. Il semble qu'il n'osait passer le fleuve Gyphesis, d'autant qu'il y avait là une ville imprenable, de laquelle ce peuple avait la réputation d'être parent des dieux ; et, sans sortir d'icelle, dardaient de leurs murailles des foudres et des éclairs sur leurs ennemis. » Philostrate parle en effet de cette ville ; mais ce qu'il dit peut aussi bien s'entendre du feu grégeois que de la poudre à canon.

il déclare écrire *d'après les observations recueil-
lies par son père, ses aïeux et les maîtres de l'art
en général,* et parle de plusieurs préparations
dont les principaux ingrédients étaient le
baroud, le soufre et le charbon ; on y ajoutait
quelquefois de l'arsenic, de la pierre d'encens
et de la limaille d'acier. Il donne, entre autres,
les trois formules suivantes, qui, comme on le
verra, se rapprochent singulièrement de celles
de notre poudre à canon :

1. Baroud, 10 drachmes. — Soufre, 1 drachme. —
Charbon, 2 drachmes.
2. Baroud, 10 drachmes. — Soufre, 1 drachme et $\frac{1}{4}$.
— Charbon, 2 drachmes et $\frac{1}{2}$.
3. Baroud, 10 drachmes. — Soufre, 1 drachme et $\frac{1}{4}$.
— Charbon, 2 drachmes et $\frac{1}{4}$.

Dans un autre manuscrit arabe, postérieur
il est vrai, mais très-ancien aussi, on trouve
exactement :

Baroud, 75 parties (en poids). — Soufre, 12 et $\frac{1}{2}$. —
Charbon, 12 et $\frac{1}{2}$.

Ce qu'on ne peut contester, c'est que l'importation en Europe de la poudre à canon soit due
aux Arabes d'Espagne, chez lesquels les arts,
les sciences et l'industrie florissaient alors

que les États environnants étaient encore à demi plongés dans la barbarie. Il est impossible toutefois d'assigner d'une manière précise le moment où ils en firent le premier essai. A la vérité, l'historien espagnol J.-A. Conde raconte (1) que les Arabes assiégés dans Niebla par les Espagnols, en 1257, se défendirent *en lançant des pierres et des dards avec des machines, et des traits de tonnerre avec feu ;* et qu'en 1323, le roi de Grenade assiégeant Baëça, se servit contre cette ville de machines et d'engins qui lançaient des globes de feu, *avec grands tonnerres ;* on cite aussi un poëme composé à la fin du XIIIe siècle, par Abu-Hassan-Ben-Bia, sur les machines de guerre, et dans lequel il est question du baroud ; mais ni l'historien ni le poëte ne s'expriment sur ce sujet assez explicitement pour qu'on en soit autorisé à affirmer que les machines dont il s'agit étaient bien de véritables armes à feu dans le sens moderne du mot, et que le baroud mentionné par Abu-Hassan était la même chose que la poudre, et employé de la même façon.

Quoi qu'il en soit, cette poudre et ces armes

____

(1) *Histoire de la domination arabe en Espagne.*

à feu furent d'abord défectueuses sous plusieurs rapports. Ainsi, premièrement, le salpêtre était mal purifié et retenait des sels étrangers, non-seulement incombustibles, mais en outre très-avides d'eau (surtout du sel marin); en sorte qu'il était loin de pouvoir manifester toute sa vertu; en second lieu, les proportions les plus convenables du mélange n'étaient pas généralement connues, ni les procédés de trituration assez perfectionnés; troisièmement, enfin, la poudre, au lieu d'être façonnée en grains, comme cela se pratiqua plus tard, était laissée à l'état de menue poussière, ce qui lui ôtait beaucoup de sa force et en rendait le maniement très-incommode. Pour ce qui est des armes, ce furent d'abord des cylindres creux, que le cavalier portait au bout d'un bâton ou à l'extrémité de sa lance. Les Arabes donnaient le nom de *madfaa* à cette sorte de fusils primitifs, qui étaient en fer ou en bois, et doublés de fer en dedans, ou seulement en bois; une lumière était percée vers la base; on les remplissait aux deux tiers de poudre ou plutôt de poussière détonante, puis on y introduisait le projectile, qui le plus souvent était une flèche. Le *madfaa* étant ainsi chargé, le cavalier s'avançait vers son ennemi comme pour l'attaquer à l'arme blanche; quand il était assez près de lui, il approchait de la lumière une mèche allumée, et la poudre, prenant feu, lançait la flèche à une certaine distance. On pense bien que la portée des madfaas n'était pas considérable, et probablement cette arme n'était encore en rien supérieure aux arcs et aux arbalètes, qui, entre les mains d'archers vigoureux et habiles, portaient aussi juste et presque aussi loin qu'un fusil de qualité moyenne. On reconnaît aisément l'enfance de l'art dans la grossièreté même de ces armes à poudre, et cela suffit à prouver que les Arabes furent, au moins en Occident, les premiers à en fabriquer et à s'en servir. Les chrétiens au contraire n'en firent usage que lorsque la nouvelle artillerie avait acquis déjà un certain degré de perfectionnement. Chez quel peuple chrétien et à quelle époque la poudre fut-elle employée d'abord? On ne sait non plus rien de positif sur cette question. D'après un document authentique retrouvé par M. Libri, on fabriquait à Florence, en 1325, des bombardes et des boulets en fer, et cette fabrication était le privilége exclusif des plus hauts personnages de la république ; d'autre part, Guido Cavalcanti, dans une *canzonetta* composée vers la fin du XIIIe siècle, parle de *bombardes* et de *pierres de bombardes;* mais avant l'introduction de la poudre en Europe, les Italiens donnaient déjà le nom de *bombardes* à des machines à ressort, au moyen desquelles ils lançaient des projectiles en pierre ou en fer ; rien ne prouve donc que celles mentionnées par le poëte florentin et par M. Libri fussent des bombardes à poudre.

Selon Bartholomæo de Ferrare, la poudre joua un rôle important au siége de Cividale (1331), où les assaillants se servaient de *vasi,* qui furent probablement le type originel des mortiers et des obusiers. En France, la nouvelle artillerie parut au siége de Puy-Guilhem, par Pierre de la Pallue (1339), et à ceux de Cassel et de Calais, par les Anglais (1340 et 1345). A la même époque, une forge pour les canons s'établit à Cahors, et les habitants de Saint-Valery, assiégés par Édouard III (1358), purent opposer à l'ennemi des armes semblables aux siennes. Avant la fin du xive siècle, la poudre était connue dans toute l'Europe, mais ce ne fut pas sans difficulté que l'usage s'en répandit : l'esprit éminemment chrétien et chevaleresque du moyen âge répugnait à adopter des armes importées par les musulmans, regardées comme déloyales, et comme devant rendre les combats plus meurtriers qu'ils n'avaient été jusque alors (1). Ce préjugé ne s'effaça que peu

(1) L'expérience a prouvé que nos pères se trompaient. Grâce à l'usage universel des armes à poudre, la guerre s'est en quelque sorte *spiritualisée*, si nous pouvons nous exprimer ainsi, puisque la suprématie de l'intelligence et du savoir s'y est substituée à celle de la force et de l'adresse physiques. Elle est en outre devenue moins meurtrière, puisqu'aux luttes corps à corps qui faisaient d'une bataille une immense série de duels à mort, ont succédé des combats où les deux partis, se tenant l'un l'autre à distance, se font relativement peu de mal. Autrefois, point d'action sérieuse sans une mêlée générale, horrible, qui portait au comble la fureur des soldats, et se terminait d'ordinaire par le massacre des vaincus; en vain l'on se bardait de fer : l'épée à deux mains, la hache, le fléau, la masse d'armes, maniées par des hommes aux muscles d'acier, écrasaient, brisaient, traversaient casque, cuirasse et bouclier : une fois désarçonné, le cavalier, écrasé par sa pesante armure, ne pouvait plus se défendre : il lui fallait mourir ou s'avouer vaincu; encore se sauvait-il rarement en rendant son épée, car la rage du combat, l'odeur du sang, l'orgueil d'un triomphe chèrement acheté laissaient dans l'âme du vainqueur peu de place à la clémence : la déroute était une boucherie.

à peu, et de là vient sans doute que pendant plusieurs années nous ne voyons encore figurer l'artillerie à poudre que dans l'attaque et la défense des places. Les Anglais furent les premiers qui, foulant aux pieds les scrupules de leurs contemporains, se servirent de canons en rase campagne. On sait que ce fut cette circonstance qui décida en leur faveur l'issue de la trop célèbre journée de Crécy, si funeste à la France. En 1376, si l'on en croit la chronique de Froissart, Édouard III dirigea quatre cents bouches à feu contre la ville de Saint-

Aujourd'hui la science et l'habileté stratégiques, la promptitude et la précision des manœuvres sont les éléments essentiels du succès : les engagements à l'arme blanche sont rares, les charges de cavalerie ne sont, le plus souvent, que des simulacres ; dans les feux de file ou de peloton, presque tous les coups sont dirigés trophaut ou trop bas ; et quant au feu des batteries, on l'évite assez aisément. Aussi a-t-on renoncé aux armes défensives, qui gêneraient les mouvements du soldat sans diminuer pour lui le péril ; on n'a laissé le casque et la cuirasse qu'à des corps peu nombreux de cavalerie, dont le rôle est tout à fait secondaire. En résumé, une bataille, à notre époque, est avant tout une affaire de calcul et de combinaisons, une sorte de partie d'échecs dont le gain appartient non pas à l'armée la plus brave (car, n'en déplaise à l'amour-propre national, on est, dans tous les pays, à peu près.également brave), mais à celle qui est la mieux exercée, la mieux disciplinée, à celle surtout qui est le plus savamment dirigée.

Malo, qui fut néanmoins sauvée par les deux héros français de l'époque, Clisson et Du Guesclin. Ce développement énorme donné en si peu de temps à l'artillerie anglaise, paraîtrait fabuleux si l'on ne savait de quelle petite dimension étaient les premiers canons; ils pesaient seulement de 5 à 20 kilogrammes : ils étaient formés de lames de fer juxtaposées longitudinalement, soudées et cerclées également en fer, comme des tonneaux. Ce ne fut qu'en 1478 que les Vénitiens, défendant Chiozza contre les Génois, se servirent de canons en métal fondu. L'art de fondre les pièces en alliage leur avait été, assure-t-on, apporté par ce Berthold Schwartz, auquel on a aussi, comme nous l'avons dit plus haut, attribué l'invention de la poudre et de l'artillerie ; on ajoute qu'après s'être emparés de son procédé, les Vénitiens jetèrent Schwartz sous les Plombs, soit pour se dispenser de le payer, soit pour l'empêcher d'aller porter ailleurs un secret qu'ils voulaient garder pour eux seuls (1).

(1) Quelques historiens allemands qui croyaient ou voulaient faire croire que Bertold Schwartz avait en effet inventé

En même temps que ce progrès s'accomplissait, on perfectionnait aussi le raffinage du salpêtre et la fabrication de la poudre. Bientôt, aux canons, aux bombardes et aux mortiers on joignit des armes plus portatives qui devaient un jour remplacer entièrement les arbalètes et les arcs. Ce furent d'abord des *coulevrines*, sorte de petits canons sans affûts, que les soldats portaient sur l'épaule et qu'ils braquaient en les appuyant où ils pouvaient. Puis vinrent les *arquebuses*. La plus ancienne est l'arquebuse *à croc*. Il fallait deux hommes pour la manœuvrer. C'était un canon de la forme de celui d'un fusil, mais plus long, plus renforcé et d'un plus gros calibre. Il était porté sur un chevalet en bois et retenu au moyen d'un croc. On y mettait le feu avec un boute-feu. A l'arquebuse à croc succéda l'arquebuse *à mèche;* celle-ci était composée d'un fût, d'un canon et d'une platine. La platine était d'un mécanisme très-simple : elle portait à son extrémité inférieure un chien

la poudre, ont imaginé de lui donner une fin dramatique. L'empereur Wenceslas, selon eux, afin de punir ce personnage par où il avait péché, c'est-à-dire par sa prétendue invention, l'aurait fait sauter avec un baril de poudre.

qu'on nommait *serpentin* à cause de sa forme, et entre les mâchoires duquel s'assujettissait une mèche. En pressant avec la main une longue détente, on faisait jouer une espèce de bascule intérieure qui abaissait le serpentin, garni de sa mèche allumée, sur le bassinet, où il mettait le feu à l'amorce. Comme cette arquebuse était encore fort pesante, le soldat qui en était armé portait aussi un bâton ferré par le bas, de manière à pouvoir être fixé en terre, et garni par le haut d'une fourchette ou béquille sur laquelle il appuyait son arquebuse pour ajuster. L'arquebuse *à rouet*, qui succéda à la précédente, n'en différait que par son poids, qui était moindre, et par la platine, où l'on avait adapté un chien tenant une pierre entre ses mâchoires. Lorsqu'on appuyait sur la détente, cette pierre frottait contre un rouet d'acier cannelé, et produisait des étincelles qui mettaient le feu à l'amorce.

Il n'y avait pas loin de cette arquebuse au mousquet faisant feu, comme chacun sait, par la percussion du *silex* ou *pierre à fusil* sur la pièce qui sert de couvercle au bassinet, et s'ouvre du même coup d'où jaillissent les étincelles. Ce progrès accompli, les changements ultérieurs ne portèrent que sur la forme de l'arme, sur le calibre et la façon du canon; du reste, le mécanisme et la manière d'amorcer restèrent les mêmes jusqu'au moment très-rapproché de nous où la découverte des composés *fulminants*, c'est-à-dire détonant par le simple choc, fit substituer au fusil à pierre le fusil *à piston* ou *à percussion*, inventé au commencement de ce siècle par le génevois Pauly, et le seul adopté aujourd'hui pour la guerre aussi bien que pour la chasse. L'extrème commodité de ce nouveau système et la rapidité qu'il permet dans la succession des coups, l'ont fait appliquer aussi à l'artillerie de marine, de siége et de campagne, en sorte que la mèche a maintenant subi le même sort que le silex.

Des essais ont eu lieu à la fin du siècle précédent et dans le courant de celui où nous sommes, pour modifier l'emploi ou la composition de la poudre. Quelques hommes ont prétendu retrouver la recette soi-disant perdue du feu grégeois, qu'ils croyaient plus terrible que la poudre. D'autres ont proposé de remplacer ce dernier mélange par des agents explosifs plus puissants ; d'autres enfin ne visaient à rien de moins qu'à faire abandonner presque complétement nos armes à feu, pour faire adopter à leur place des fusées incendiaires. Nous consacrerons tout à l'heure quelques pages à passer en revue ces diverses tentatives ; mais nous pensons qu'il convient de donner auparavant des détails sur l'état actuel de la fabrication de la poudre et des amorces fulminantes. Nos lecteurs voudront bien nous pardonner si, dans le cours de ce travail, il arrive parfois que nous soyons contraints de sacrifier l'élégance du style à la clarté des explications.

II

Composition et propriétés de la poudre. — Théorie de ses effets. — Préparation de ses éléments.

La poudre est, comme nous l'avons vu déjà, un mélange intime de trois substances, savoir :

le soufre, le charbon de bois et le salpêtre (1),
les deux premières très-combustibles, la troisième ayant la propriété d'abandonner aisément,
sous l'influence d'une température élevée, son
oxygène aux corps qui en sont avides, et par
conséquent d'activer leur combustion. Les produits de la combustion du soufre et du carbone sont gazeux : ils tendent donc, par leur
force élastique, à occuper un espace beaucoup
plus considérable que les corps solides qui
leur ont donné naissance. Cela posé, on conçoit
aisément ce qui se passe lorsqu'on enferme
dans un vase clos le charbon, le soufre et
le salpêtre pulvérisés, et mélangés dans des
proportions telles, que l'oxygène du dernier
corps suffise juste à brûler complètement les
deux autres : l'ignition se communiquant rapi-

(1) Nous sommes obligé, pour éviter de trop longues di-
gressions, de supposer que nos lecteurs ont déjà quelques
notions de chimie, et savent ce que c'est que le soufre, le
charbon, le salpêtre, etc. Dans le cas où ils ignoreraient la
nature des corps simples ou composés dont nous avons eu
et dont nous aurons encore à parler, nous les prions de
vouloir bien consulter à ce sujet quelque ouvrage élémentaire de chimie, par exemple celui de M. Ducoin-Girardin
(*Entretiens sur la Chimie*), écrit avec toute la lucidité et
toute la simplicité désirables.

dement à toutes les parties de cette poudre, au lieu d'une matière solide tenant très-peu de place, il se formera subitement une grande quantité de gaz qui, à défaut d'une issue pour s'échapper, briseront leur contenant, ou, s'ils y sont retenus par un corps qui puisse s'en séparer, pousseront violemment cet obstacle au dehors. Or, que fait-on lorsqu'on charge un fusil ou un canon? on y enferme la poudre en la comprimant au moyen d'une balle ou d'un boulet qui ne peut entrer ou sortir qu'à frottement. On lui ménage, il est vrai, une communication avec l'extérieur : c'est la *lumière*, par où l'on met le feu au mélange ; mais cette issue est infiniment trop petite pour livrer passage aux gaz qui se forment. Quant au canon, on a soin de le faire assez résistant pour qu'il n'éclate pas ; toute la pression des gaz s'exerce donc sur le projectile, qui, si la charge est suffisante, glisse sur les parois du tube et va se perdre à une grande distance, avec une rapidité telle que l'œil ne peut le suivre.

Un litre de poudre pesant 900 grammes a fourni à M. Gay-Lussac une quantité de gaz qui, soumise à la pression ordinaire de l'atmosphère (0 m. 76 c.) et abaissée à la température de 0°, occupait un espace de 450 décimètres cubes, soit 450 litres; mais au moment de l'explosion les gaz sont dilatés par la chaleur, qui se dégage en très-grande abondance, puisque leur température, en cet instant, n'est pas inférieure à 1200 degrés : on peut donc admettre qu'un litre de poudre donne, en brûlant, environ 2000 litres de gaz, et l'on comprendra maintenant sans peine que certaines carabines à *balle forcée* portent à plus de 1000 mètres, et que quelques hectogrammes de poudre puissent faire sauter des pans de muraille et des quartiers de roc.

Le produit de la combustion de la poudre est très-complexe. M. Chevreul, en faisant brûler le mélange de 75 p. 100 de salpêtre, 12,5 de charbon et 12,5 de soufre, a trouvé, outre un résidu solide composé de *sulfure de potassium*, de *sulfate* et de *carbonate de potasse*, et de *cyanure de potassium*, un gaz qui contenait, pour cent parties :

Acide carbonique,	45,41
Azote,	37,53
Gaz nitreux,	8,10
Hydrogène sulfuré,	0,59
Hydrogène carboné,	3,50
Oxyde de carbone,	4,87

plus une certaine quantité de vapeur d'eau. La poudre s'enflamme et détone, 1° lorsqu'on la met en contact avec un corps en ignition ou chauffé jusqu'au rouge-cerise ; 2° lorsqu'on la porte subitement à la température de 300° (nous disons *subitement*, parce qu'en la chauffant graduellement, on peut lui faire atteindre cette température sans qu'elle s'enflamme ; on la distille même dans le vide ; le soufre alors se sépare du mélange en se vaporisant) ; 3° lorsqu'on la frappe d'une étincelle électrique ; 4° lorsqu'on lui fait éprouver un choc violent entre deux corps durs ; 5° lorsqu'on la place dans un briquet atmosphérique où l'on comprime l'air jusqu'à ce qu'il n'occupe plus que le $\frac{1}{12}$ de son volume primitif.

La qualité de la poudre et la puissance de ses effets dépendent :

1° Des proportions du mélange, proportions qui du reste varient peu, et que nous indiquerons tout à l'heure ;

2° De l'état particulier des matériaux employés, savoir : de la pureté du salpêtre et du soufre, de l'espèce du bois dont on fait le charbon, et de son degré de carbonisation. Nous allons avoir également à revenir sur ces différents points.

3° De la dureté des grains, de leur forme, de leur grosseur, de leur lissage et de leur densité. On reconnaît que les grains sont assez durs lorsqu'ils ne s'écrasent pas sous le doigt, et que, frottés sur la paume de la main, ils ne la salissent pas. Moins consistants, ils seraient réduits en poussière par les frottements qu'ils subissent, soit dans les transports, soit dans la confection des cartouches et des gargousses. Le *lissage* a également pour but de les rendre moins friables et d'empêcher qu'ils ne se détériorent en perdant du *poussier* ou *pulvérin* ; toutefois on ne doit pas trop prolonger cette opération, notamment si elle s'exerce sur des grains humides : elle leur ôterait de l'homogénéité, et ils prendraient feu trop difficilement. La forme et la grosseur des grains sont d'une grande importance, puisque c'est surtout là ce qui constitue les diverses qualités de poudre ; les grains fins et anguleux s'enflamment bien plus aisément que les grains gros et sphériques ; aussi la poudre réservée pour les fusils est-elle anguleuse, dure et sèche, tandis que celle destinée aux mines et à l'artillerie est ronde et d'un grain beaucoup plus gros. Dans un gramme de poudre de chasse de première qualité, on compte de 4,850 à 5,850 grains, tandis que le même poids de poudre de mine n'en comporte guère que 400 à 500. Enfin, pour ce qui est de la densité, les poudres compactes détonent moins brusquement et se transportent avec moins de déchet que les poudres poreuses ; celles-ci sont d'ordinaire *brisantes*, c'est-à-dire que, comme elles s'enflamment avec trop de rapidité, leur effet, sans se faire sentir davantage au projectile, agit fortement sur les parois de l'arme et peut la faire éclater. La bonne poudre doit s'enflammer entièrement avant que la balle ou le boulet soit sorti du canon, et ne brûler que successivement et à mesure du déplacement du projectile. Placée sur une feuille de papier, elle doit brûler rapidement sans laisser de résidu appréciable, et sans communiquer l'ignition au papier. C'est surtout à la qualité du charbon que tient le plus ou moins de densité de la poudre ; ce sont les charbons trop légers qui donnent des poudres brisantes.

6° En dernier lieu, la valeur de la poudre dépend aussi des conditions de son emmagasinage ; elle doit être tenue à l'abri de l'humidité, encore ne peut-on presque jamais l'en préserver complétement ; elle contient d'ordinaire, même dans les magasins les plus secs, 5 ou 6 pour 100 d'eau ; la poudre fine absorbe plus d'humidité que la grosse.

La poudre ne se gâte guère que par l'humidité ; lorsqu'elle n'en contient pas plus de 7 pour 100, on se borne à la faire sécher ; on pourrait même, à la rigueur, l'employer dans cet état ; mais quand l'eau s'y introduit en plus grande quantité, elle enlève au mélange une partie notable de salpêtre ; il devient alors nécessaire de réparer cette perte, ce qui ne peut se faire qu'en remettant la poudre en cours de fabrication. Avariée par l'eau de mer, la poudre est tout à fait perdue.

Avant de décrire la fabrication de la poudre elle-même, nous croyons devoir traiter succinctement des préparations que subissent dans les laboratoires de l'État les matériaux qui doivent constituer le mélange explosif; elles se lient trop immédiatement à l'objet principal de notre étude pour qu'il nous soit permis de le passer sous silence.

Le SALPÊTRE (1) est livré au gouvernement après ce qu'on appelle la *première cuite*, pratiquée dans les fabriques particulières, et ayant pour effet de le débarrasser de la plus grande partie des sels étrangers entraînés avec lui dans le lessivage des terres ou des plâtras nitrifères; mais il retient encore une certaine quantité de chlorures (environ 10 ou 12 pour 100), surtout du chlorure de sodium ou sel marin. Or, d'après les règlements, il ne doit pas, pour pouvoir être employé dans les poudreries, contenir plus de 3 pour 1000 de ce sel. Il faut donc le raffiner afin de l'amener au degré voulu de pureté. Cette opération se fait exclusivement dans les laboratoires de l'État.

(1) Appelé aussi dans le commerce *nitre* ou *sel de nitre* et par les chimistes, *azotate* ou *nitrate de potasse*.

Pour raffiner le salpêtre, on dissout d'abord à chaud le sel brut dans son poids d'eau. La dissolution clarifiée avec du sang de bœuf et soigneusement écumée fournit la *seconde cuite*. Lorsque la liqueur est suffisamment claire, on la laisse refroidir en l'agitant, afin d'empêcher la formation des gros cristaux, moins faciles à purifier que les petits à la faveur de l'agitation. Les cristaux se forment tout à coup et confusément; on les laisse alors se rassembler au fond du vase; on décante l'eau-mère, et on les lave avec une eau saturée de nitrate de potasse, et ne pouvant plus, par conséquent, dissoudre que les sels étrangers. C'est aussi une liqueur de même nature qui, après la *seconde cuite*, sert à essayer le salpêtre. On prend 400 grammes des cristaux obtenus, préalablement séchés, et on les traite par 500 grammes de la dissolution de nitre; ou agite la masse pendant quelque temps, puis on la jette sur un grand filtre sans plis. Lorsque toute la liqueur est passée, on en verse de nouveau sur les cristaux une quantité moitié moindre que la première. Le nitrate de potasse bien égoutté est séché au bain de sable à la température d'environ 100 degrés.

On le pèse quand il est sec, et la diminution de son poids indique très-approximativement la proportion de sels étrangers qu'il contenait encore avant l'essai. Cette proportion est toujours trop forte pour que le nitre puisse être employé à la fabrication de la poudre. On lui fait donc subir une *troisième cuite* qui l'amène d'ordinaire à un degré de pureté supérieur à celui qui est exigé. Cette *troisième cuite* s'exécute comme la précédente ; seulement le lavage des cristaux à l'eau saturée de salpêtre est suivi d'un autre lavage à l'eau de fontaine ; cette eau entraîne avec elle la liqueur chargée des dernières traces de sels étrangers. Les cristaux sont ensuite séchés, enfermés dans des barils et livrés aux poudreries. Ici, pour s'assurer que le salpêtre a bien le titre voulu, on l'essaie de nouveau, non plus de la façon que nous venons de décrire, et qui ne serait pas suffisamment exacte, mais au moyen du nitrate d'argent, du carbonate de potasse ou du fer pur. Ces expériences étant du domaine de la chimie analytique, nous nous abstenons de les décrire : elles sont, du reste, purement de précaution, et ne servent qu'à constater surabondamment le résultat déjà certain des opérations pratiquées dans les salpêtreries.

Le SOUFRE est livré au gouvernement dans un état de pureté parfaite par la raffinerie de Marseille, la seule d'où l'État tire ce produit.

Le CHARBON se prépare dans les poudreries mêmes, soit en fosses, soit en vases clos. Nous allons décrire séparément ces deux procédés.

1° *En fosses.* — Les fosses ont 3 mètres de long sur 1 mètre 20 de largeur et autant de profondeur; elles sont maçonnées en brique. On y met des fagots pesant 15 kilogrammes. Ces fagots sont supportés par une perche placée horizontalement dans le sens de la longueur de la fosse; on les dispose de manière à laisser un espace libre qu'on remplit d'autres branches. On met le feu au bois, et l'on en ajoute à mesure que la masse s'affaisse, jusqu'à ce que la fosse soit pleine; puis on laisse brûler. Quand la flamme cesse, la carbonisation est complète; on étouffe alors le feu au moyen d'un couvercle en tôle par-dessus lequel on étend une légère couche de terre humide. Il faut laisser passer trois jours avant d'ouvrir les fosses, pour laisser refroidir le charbon, qui, s'il était retiré chaud, se rallumerait au contact de l'air. Il faut aussi, avant de l'emmagasiner, le nettoyer et le trier avec soin pour en séparer les corps étrangers et les *fumerons* (morceaux incomplétement carbonisés) qui s'y trouvent mêlés. On n'obtient guère de charbon propre à la fabrication de la poudre que 20 pour 100 en poids du bois mis en fosse. Depuis quelque temps, les fosses briquées, qui se détérioraient trop vite, ont été remplacées en France par des chaudières en fonte, où, d'ailleurs, la carbonisation se fait exactement de la même manière.

2° *En vases clos ou par distillation.* — On distille le charbon en le chauffant un peu au-dessous de la température rouge dans des cylindres en fonte semblables à ceux qu'on voit dans les usines à gaz d'éclairage. Les matières volatiles s'échappent par un tuyau qui les conduit dans une cheminée. Cette distillation doit être conduite lentement : elle ne dure pas moins d'une journée. C'est par ce procédé qu'on obtient le charbon destiné à la poudre dite *royale*, qui est la première qualité de poudre de chasse. On le nomme charbon *roux;* c'est plutôt du bois torréfié, à proprement parler, que du charbon ; car il est encore à l'état de *fumeron,* et ne contient guère que 72 pour 100 de carbone. Il est beaucoup plus hydrogéné que le charbon noir, ce qui augmente sa combustibilité et lui fait produire un plus grand volume de gaz : de là vient qu'on le préfère pour les poudres fines.

On a imaginé dernièrement, pour la carbonisation du bois dans les poudreries, un procédé qui est en usage aujourd'hui à Welteren, en Belgique. Il consiste à faire circuler un courant de vapeur d'eau à une haute température à travers des fagots renfermés dans un vaisseau en cuivre. Ce vaisseau communique tant avec la chaudière qu'avec le dehors par des tubes munis de robinets, au moyen desquels on peut à volonté faire arriver la vapeur, la contenir ou la laisser s'échapper. Cette vapeur dégage et entraîne la plus grande partie des éléments volatils du bois.

Les bois dont on fait le charbon noir sont ceux de tremble, de peuplier, de tilleul et de bourdaine. Ce dernier seul est employé pour obtenir le charbon roux, et l'on n'en distille

que les branches d'un petit diamètre, dépouil-
lées de leur écorce.

III

Fabrication de la poudre. — Procédés des pilons, des
tonnes, des meules. — Épreuves des poudres. — Composition et fabrication des amorces fulminantes.

L'État seul, en France et presque partout
ailleurs, a le privilége de la fabrication, de la
distribution et du débit des poudres. Ces poudres sont de trois espèces, savoir :

1° La poudre de mine de commerce extérieur (que
l'État vend aux carriers et aux mineurs pour les besoins
de leur état).

	salpêtre,	soufre,	charbon.
Elle contient 100 parties :	62	20	18.
2° La poudre à canon et à mousquet. Elle contient	75	12,50	12,50.
3° La poudre de chasse, contenant	78	10	12.

On voit que le dosage est le même pour la
poudre à canon et la poudre à mousquet. Ces

deux sortes de poudre subissent aussi les mêmes manipulations, et ne diffèrent que par la grosseur et la forme du grain.

La poudre de chasse comprend trois variétés : poudre *fine, superfine* et *royale*, identiques aussi quant aux proportions du mélange, et distinguées seulement par le grenage et par la qualité du charbon. Il existe trois procédés de fabrication des poudres ; ce sont : 1° *le procédé des pilons;* 2° *le procédé des tonnes;* 3° *le procédé des meules.*

I. PROCÉDÉ DES PILONS. — Les trois éléments de la poudre, pulvérisés et pesés séparément, sont mélangés dans des mortiers au moyen de pilons. Les pilons sont formés de pièces en bois de hêtre ; leur poids est de 20 kilog. Ils portent à leur extrémité inférieure une garniture en alliage de cuivre et d'étain pesant le même poids ; ils battent 25 coups par minute en tombant d'une hauteur de 40 centimètres. Les mortiers sont creusés dans une pièce de bois de chêne qu'on nomme *pile à mortiers.* On y introduit d'abord le charbon, qu'on bat seul pendant 20 minutes ; puis on ajoute le soufre, préalablement tamisé, et le salpêtre.

Ce mélange subit un battage de douze heures interrompu par des *rechanges*. L'opération des *rechanges* a pour but d'empêcher le *culot* compacte qui se forme au fond de chaque mortier de s'échauffer sous les chocs répétés du pilon ; elle consiste, ainsi que son nom l'indique, à *changer* la matière de mortier ; on la répète huit fois, d'heure en heure ; après la huitième, le battage continue deux heures sans interruption. On conçoit aisément que, malgré les rechanges, la matière ainsi triturée ne manquerait pas de prendre feu si l'on n'avait soin de la mouiller. Aussi les arrosages se succèdent-ils à des intervalles assez rapprochés. Le premier se fait sur le charbon seul ; il est de 0 k. 75 d. ou $\frac{3}{4}$ de litre pour 1 k. 25 de charbon. Le second a lieu au commencement du battage du mélange ; il est de 0 k. 50 ou $\frac{1}{2}$ litre ; les deux derniers, de 0 k. 25 chacun, ont lieu après les cinquième et septième rechanges.

Les pilons sont disposés par couples de batteries de huit ou dix chacune, et mis en mouvement par une roue hydraulique.

La matière forme, en sortant des mortiers, une pâte humide qu'on appelle *galette*. Avant de la réduire en grains, on lui fait subir encore deux préparations, savoir le *guillaumage* et l'*essorage*.

La première consiste à concasser la galette sur un crible en peau nommé *guillaume*, percé de trous ronds d'environ 0 m. 008 mil. de diamètre. L'ouvrier imprime à ce crible un mouvement de va-et-vient qui fait glisser dessus circulairement un *tourteau* ou disque en bois dur et pesant; le tourteau écrase par son poids la matière, la brise contre les parois du crible, et la force à passer par petits morceaux à travers les trous.

L'*essorage* n'est autre chose que l'exposition à l'air de la galette ainsi concassée par le guillaumage; il se prolonge plus ou moins, suivant que l'atmosphère est plus ou moins humide, et son but est de faire arriver les petites parcelles de galette au degré de siccité convenable pour le grenage.

Le *grenage* ne diffère du guillaumage que parce qu'au lieu de huit millimètres de diamètre, les trous du crible en ont un peu moins de deux et demi pour la poudre à canon et un et demi pour la poudre à fusil. Chaque espèce acquiert ainsi un grain uniforme qui passe, mêlé de *poussière*, dont on le sépare par un troisième tamisage à travers des *perces* plus petites. La poudre est ensuite soumise à la dessiccation, qui se fait, soit en plein air, quand le temps le permet, soit, au cas contraire, dans des séchoirs artificiels. On répand les grains en couches de 2 millimètres d'épaisseur, sur des draps tendus au-dessus de vastes caisses, dans lesquelles on projette de l'air qui s'est élevé à une assez haute température en passant par des tubes enfermés dans des manchons de cuivre où circule incessamment de la vapeur d'eau bouillante. L'air ainsi chauffé s'échappe des caisses à travers la couche de poudre, dont il entraîne avec lui l'humidité. Six heures suffisent à terminer le séchage artificiel, tandis que le séchage à l'air libre demande environ douze heures. Les grains, en séchant, perdent une quantité de poussier, qui, s'il y restait mélangé, rendrait la poudre salissante et d'un usage incommode; on l'élimine par l'*épousse-tage*, et on l'utilise en le faisant rentrer dans d'autres masses de mélange.

L'*époussetage* est la dernière manipulation que

la poudre ait à subir; il ne reste plus ensuite qu'à l'éprouver (nous dirons plus loin quelques mots des épreuves), à l'empaqueter et à l'embariller. Les barils contiennent les uns 50, les autres 100 kilogrammes; ils sont enfermés dans d'autres tonneaux plus grands qu'on appelle *chapes*.

Le procédé des *pilons*, le plus ancien de tous, est encore employé pour la confection des poudres de guerre, les autres ayant paru donner à la poudre une énergie nuisible à la conservation du matériel d'artillerie; mais pour les poudres de chasse, on préfère celui des *tonnes* ou celui des *meules*. C'est le premier qui est actuellement en vigueur dans les poudreries d'Angoulême et du Bouchet.

II. Procédé des tonnes. — Les *tonnes* sont des cylindres en bois ou en cuivre, doublés intérieurement de cuir, et mobiles sur un axe horizontal; on y fait tourner avec des gobilles en bronze la matière qu'on veut pulvériser. Ces cylindres sont bosselés exprès, afin de présenter au dedans des convexités propres à retenir les gobilles, qui font ici l'office de pilons. Les tonnes contiennent, les unes 170, les autres

200 kilogrammes de mélange, et 250 kilogrammes de gobilles; elles font vingt tours à la minute; la trituration s'y effectue en 6 ou 12 heures; elle serait dangereuse si elle s'opérait de suite sur les trois éléments réunis. On partage donc la masse de charbon déjà pulverisé en deux parties inégales, dont l'une est jointe au soufre de manière à donner un poids de 170 kilogrammes, et l'autre au salpêtre, avec lequel elle complète 200 kilogrammes. Ces deux mélanges binaires ne sont pas explosibles par le choc ou le frottement; on les triture, le premier pendant 12, le second pendant 6 heures, puis on les réunit dans des tonnes dites *mélangeoirs*, contenant 100 kilogrammes de gobilles et un poids égal de mélange, et opérant la trituration en 6 heures. Ce n'est qu'au sortir de ces tonnes que la *composition* est humectée et foulée, ou, en termes techniques, *marchée*, dans des cuves plates par des hommes chaussés de sabots. Pour transformer en galette la pâte ainsi obtenue, on l'étend sur une toile sans fin qui passe entre deux cylindres animés d'un mouvement de rotation très-lent, et faisant éprouver à la pâte une pression de 1,000

à 1,500 kilogrammes. Après cette sorte de laminage, la composition passe au guillaumage et de là à l'essorage, qu'on prolonge seulement une demi-heure, afin d'empêcher que la poudre n'empâte les trous du tamis auquel on la passe pour la séparer du fin grain.

Le tamisage des poudres de chasse ne s'exécute pas à bras comme celui des poudres de guerre, mais dans des tonnes de soie faisant 20 tours par minute autour d'un axe vertical. A ce tamisage succède le *lissage*, qui consiste à faire tourner et frotter les grains les uns contre les autres dans des cylindres en bois, de manière à user leurs aspérités, et à leur donner du brillant et de la dureté. Dans ces cylindres on mêle à la poudre fine une certaine quantité de gros grains mouillés, qui lui communiquent d'autant plus de lustre qu'ils sont plus humides. En effet, une partie du salpêtre dissoute par l'eau dont ils sont imprégnés, forme sur les grains une croûte qui se polit par le frottement, et leur donne l'aspect luisant qu'on aime à leur voir. Le gros grain est séparé du fin par un tamisage après l'opération.

On sèche presque toujours la poudre de chasse à l'air libre, en couches moins épaisses que la poudre de guerre. Ce séchage, quand le temps est favorable, n'exige pas plus de deux heures. Une fois sèche, elle est époussetée, puis livrée à l'administration des contributions indirectes, dans des caisses contenant chacune 25 kilogrammes; la poudre y est distribuée en paquets ou *cartouches* de 1|2, 1 et 2 hectogrammes. Une partie de la poudre fine est employée par l'armée de terre et de mer; celle-là est répartie en sacs de 50 kilogrammes.

La poudre *superfine* est faite avec le poussier de la précédente, remis en cours de fabrication et trituré de nouveau pendant 6 heures dans les mélangeoirs. Les opérations sont du reste les mêmes que pour la poudre fine, seulement elles durent plus longtemps, et le grenage a lieu sur une perce plus petite. Les caisses de poudre superfine ne contiennent que des cartouches de 500 grammes.

La poudre *royale* ne se fait, comme nous l'avons vu plus haut, qu'avec du charbon de bourdaine obtenu par la distillation. La trituration des mélanges binaires, charbon et soufre d'une part, salpêtre et charbon d'autre part, dure deux fois plus longtemps que pour les autres poudres. De plus, la composition, après avoir été mouillée et passée au laminoir une première fois, est grenée grossièrement, essorée, et remise pendant 12 heures dans les mélangeoirs; puis elle est mouillée et laminée une seconde fois, grenée à une perce de 5 millimètres, essorée encore, tamisée dans des tonnes de soie, lissée pendant 24 heures, et enfin séchée, égalisée, époussetée. Elle est extrêmement fine, et d'une couleur plutôt brune foncée que noire; elle a aussi beaucoup plus de force que les autres poudres, tant à cause de la ténuité de son grain, qu'en raison de la qualité de son charbon. On l'enferme dans des boîtes en fer-blanc de la capacité de 250 grammes.

Le charbon qui entre dans la composition de la poudre de mine est du charbon de peuplier, d'aune ou de tremble, préparé dans les fosses ou dans les chaudières. Le mélange de ce charbon avec le soufre et le salpêtre se fait, comme pour les poudres de chasse, par le procédé des tonnes; mais la trituration ne dure que 4 heures pour les mélanges binaires, et 2 heures environ pour le mélange total. Pour grener la poudre de mine, on verse peu à peu la composition, en ayant soin de l'arroser, dans des tambours en bois contenant déjà des grains de la même poudre, les uns ronds, les autres anguleux. On imprime au tambour un mouvement de rotation, en sorte que, par l'effet du frottement, les grains anguleux usent leurs aspérités et deviennent ronds, les grains ronds se couvrent d'une nouvelle couche de composition, et acquièrent le volume qu'ils doivent avoir. On passe les grains ainsi obtenus à une perce de 4 millimètres; on en sépare de la sorte et ceux qui, étant trop fins, doivent rentrer dans la fabrication, et ceux qui, résultant du guillaumage de la couche détachée des parois du tambour, ont conservé une forme anguleuse qu'ils doivent perdre dans un grenage ultérieur. Quant aux grains ayant le volume et la sphéricité convenables, on les lisse dans des tonneaux tournant horizontalement. La poudre de mine se sèche artificiellement sur les caisses à air chaud.

III. Procédé des meules. — Ce procédé est

particulièrement employé à la poudrerie du Bouchet, pour la fabrication des poudres de chasse : ses produits sont estimés à l'égal des meilleures poudres anglaises. Il est vrai que leur dosage n'est pas tout à fait le même que celui des mélanges ordinaires. Ainsi, la poudre de chasse du Bouchet contient, sur 104 parties,

Salpêtre, 80 p. — Charbon, 14. — Soufre, 10.

Voici en quoi consiste le procédé des meules.

1° *Pour la poudre fine*, la trituration du soufre et du charbon s'exécute dans des tonnes en bois ou en fer contenant 120 kilogrammes de gobilles en bronze. On y introduit d'abord le charbon par charges de 21 kilogrammes; au bout de 8 à 10 heures, on ajoute dans chaque tonne 15 kilogrammes de soufre, qu'on triture avec le charbon pendant 4 heures. 6 kilogrammes de ce mélange sont enfermés avec 20 kilogrammes de salpêtre et 60 kilogrammes de gobilles dans une tonne en cuir faisant de 20 à 25 tours par minute. Après 12 heures de trituration, on retire le mélange de la tonne, on l'humecte de 2 pour 100 de son poids d'eau, et on le place par charges de 50 kilogrammes dans un bassin en bois, où il est soumis à l'action de meules en fonte munies d'un anneau en bronze et pesant 2,500 kilogrammes, ce qui n'empêche pas qu'on les appelle *meules légères*, par comparaison avec les *meules pesantes* employées pour la poudre royale. On les fait tourner pendant 2 heures en ralentissant leur marche à la fin de l'opération. Les galettes ainsi obtenues sont disposées dans des tamis montés par huit sur un même châssis, en bois, et mus par une machine qui grène environ 30 kilogrammes de galettes par heure. On lisse les grains dans des tonnes en bois divisées en trois ou quatre compartiments par des cloisons perpendiculaires à l'axe ; chacune de ces tonnes contient de 100 à 150 kilogrammes de poudre ; les grains s'y lissent par un frottement de 24 heures sur les parois et sur eux-mêmes. On les sèche indifféremment soit à l'air libre, soit au séchoir artificiel.

2° *Pour la poudre superfine*, le mode de trituration est le même que pour la précédente. La composition subit un premier broyage suivi d'un premier grenage au grenoir à poudre de guerre. On recueille ensemble la poudre et le poussier résultant de ces deux opérations ; on les triture de nouveau dans des tonnes en cuir pendant 4 heures ; au sortir de ces tonnes on arrose la composition et on la remet sous les meules. Elle subit après cela un deuxième grenage dans un grenoir à poudre de chasse. Les grains et le poussier sont encore mouillés, triturés et passés au laminoir ; cette fois la galette est définitivement convertie en une poudre d'un grain très-fin, qu'on lisse pendant 48 heures et qu'on époussette par les procédés ordinaires.

3° *Pour la poudre royale*, on peut opérer à peu près comme pour la précédente ; seulement il importe de choisir soigneusement le charbon le plus roux, et de triturer le mélange binaire de soufre et de charbon pendant 18 heures, et le mélange ternaire, la première fois pendant 12 à 15, la seconde pendant 4 à 6 heures. Mais c'est à l'aide des *meules pesantes* qu'on obtient la meilleure qualité de poudre royale. Le poids de ces meules est de 5,000 à 6,000 kilog. Elles sont en fonte comme les *meules légères*, et sont disposées par couples sur des bassins également en fonte; le mélange destiné à ce mode de préparation est de :

Salpêtre, 16 k. — Soufre, 2 k. — Charbon, 2 k. 80 d.

On pulvérise le soufre pendant 1 heure et le charbon pendant 1 heure et 1|2 ; on tamise séparément ces deux corps, puis on les mélange ensemble et avec le salpêtre en ajoutant 1 litre d'eau. C'est en cet état que la composition est placée sous les meules, qui la broient pendant 3 à 5 heures à raison de 10 tours par minute. On arrose sans cesse pendant cette trituration, au moyen d'un arrosoir mécanique, qui ne laisse tomber l'eau qu'en pluie très-fine. Lorsque le broyage dure 5 heures, il faut le ralentir vers la fin. Les galettes sortant de cet appareil sont plus compactes et plus homogènes que celles qui sortent du laminoir. On les divise en grains encore plus ténus que ceux de la poudre superfine; leur lissage n'est quelquefois terminé qu'après 60 heures de rotation dans les tonnes à compartiments.

Les *pilons*, les *tonnes*, les *meules*, tels sont

donc les trois procédés actuellement en usage.
En 1793, on en avait imaginé un autre connu
sous le nom de *procédé révolutionnaire*, en vue
de subvenir, par une fabrication expéditive,
aux besoins créés par les guerres d'alors. On
pulvérisait dans des tonneaux, avec des billes
en bronze, le nitre d'une part, le soufre et
le charbon de l'autre, et on mélangeait les
trois substances dans d'autres tonneaux avec
des billes d'étain; la composition était ensuite
étendue sur des toiles mouillées, superposées
les unes aux autres et placées sous un pres-
soir qui servait à former les galettes. Les
autres manipulations se faisaient par les
méthodes ordinaires.

Avant d'être livrées soit aux *places approvi-
sionnées*, soit au commerce, les poudres sont
soumises à un examen portant sur les conditions
physiques d'où dépend en grande partie leur
qualité, et que nous avons énumérées plus
haut; elles sont soumises en outre à des épreuves
ayant pour but de constater leur puissance balistique. On fait une épreuve sur chaque lot
de 5,000 kilogrammes. Les instruments employés sont :

Pour les poudres de guerre,

1° *Le pendule balistique.* Cet appareil consiste en un cône creux appelé *récepteur*, fixé à un axe horizontal mobile sur des coussinets. Le fond du récepteur est garni d'une masse de plomb; on tire dans cette masse, avec un fusil dont la charge est de 10 grammes, une balle en plomb de 163 millim. de diamètre, qui, venant à s'y enfoncer et s'y aplatir, imprime au système un mouvement d'oscillation plus ou moins intense suivant que la poudre est plus ou moins forte. Un cercle gradué indique l'amplitude des oscillations, et une formule mathématique donne la vitesse initiale de la balle, vitesse qui doit être au moins de 450 mètres par seconde.

2° *Le mortier-éprouvette.* C'est un mortier incliné à 45°, qu'on charge avec 92 grammes de poudre et un projectile en bronze qui, pour que la poudre soit acceptée, doit être lancé à une distance d'au moins 225 mètres.

On ouvre, pour faire ces épreuves, un dixième des barils de 100 kilogrammes et un vingtième de ceux de 50 kilogrammes, et l'on prend sur chaque baril ouvert la quantité né-

cessaire aux expériences : les quantités enle-
vées sont immédiatement remplacées. Le nombre
des coups à tirer pour chaque épreuve est fixé
à 10 du *pendule balistique*, appelé aussi *fusil-
pendule*, et à 1 seulement du *mortier-éprouvette*, par 100 kilogrammes de poudre. On
prend la moyenne des résultats constatés.

Pour les poudres de chasse, les instruments
d'expérimentation sont :

1° Comme pour les poudres de guerre, le
pendule balistique; mais la charge du fusil est
de 5 grammes seulement, et doit produire les
vitesses initiales de

```
330 m. par seconde pour la poudre fine,
350 m.         —           —         superfine,
et 375 m.      —           —         royale.
```

2° L'*éprouvette à ressort de Régnier*. Elle se
compose de deux branches entre lesquelles se
trouve un arc gradué sur lequel on mesure,
au moyen d'un *curseur* glissant à frottement
sur un autre arc métallique, l'effet produit par
l'explosion de 1 gramme de poudre dans un
petit réservoir adapté à l'extrémité d'une des
deux branches et fermé par le talon d'un troisième arc métallique porté par l'autre branche.

L'explosion, en ouvrant ce réservoir, force les deux branches à se rapprocher d'un certain nombre de degrés, nombre qu'indique le curseur.

La poudre fine doit marquer   12°,
—   superfine   14°,
—   royale   16°, 5.

Ces épreuves se renouvellent tous les mois sur les poudres livrées au commerce. D'autres expériences ont lieu deux fois par an sur les poudres fabriquées pendant le semestre ; elles ont pour but de faire connaître, 1° la dureté et la densité des grains ; 2° l'hygrométricité de la poudre, c'est-à-dire son degré de tendance à absorber l'humidité.

1° *Expériences relatives à la dureté des grains.* Pour connaître la quantité de poussier que les grains peuvent perdre dans les transports, on enferme la poudre dans de doubles barils auxquels on fait parcourir, en les laissant rouler sur un plan incliné, un espace de 100 mètres. On la retire ensuite, on la tamise, on la pèse, et la diminution de son poids indique la quantité de poussier qui s'en est séparée. Pour trouver la densité de la poudre, on résout une proportion dont les termes connus sont le poids P d'un certain volume d'eau distillée, le poids P' d'un volume égal d'eau saturée de salpêtre, et le poids p' du volume d'eau saturée que déplace une quantité déterminée de poudre p.

On arrive ainsi à connaître le poids d'eau distillée qui occupe le même espace que la poudre à essayer, et par suite la densité de cette poudre exprimée par $\frac{p}{x}$.

2° *Expériences relatives à l'hygrométricité des poudres.* Ces expériences ont lieu dans les poudrières : on étend sur des plateaux, en couches de 2 millimètres d'épaisseur, des échantillons de chaque espèce de poudre. Les plateaux sont posés dans des baquets sur des piles de briques qui les soutiennent à 27 millimètres au-dessus du niveau de l'eau que contiennent les baquets ; ceux-ci, hermétiquement bouchés par des couvercles en bois de chêne bordés de peaux, sont enfermés dans un lieu humide où l'air ne circule pas. De vingt-quatre en vingt-quatre heures, on retire les échantillons, on les pèse, et l'on prend note exacte, à chaque pesée, de l'augmentation de leur poids, du mode et du degré de détérioration du grain. Cette expérience se prolonge jusqu'à ce que la poudre soit complétement tombée en *deliquium*.

COMPOSITION ET FABRICATION DES AMORCES FULMINANTES. — On a d'abord composé les amorces fulminantes avec du chlorate de potasse, du soufre et du charbon; mais comme ce mélange a l'inconvénient de crasser et de détériorer les armes, on lui préfère généralement aujourd'hui celui qui a pour base le *fulminate de mercure*. Ce sel est le produit principal de l'action de l'alcool sur le nitrate de mercure. Sa formule est $(HgO)^2\ 2\ CyO$. On le prépare en faisant dissoudre une partie de mercure dans douze parties d'acide nitrique à 40°, et en ajoutant peu à peu onze parties d'alcool. L'opération se fait à chaud, mais doit être conduite avec prudence, pour éviter que l'ébullition ne soit trop vive. Au bout d'un certain temps, la liqueur se trouble et dégage d'abondantes vapeurs blanches. Il faut alors la retirer du feu. Le fulminate de mercure se dépose par le refroidissement en petits cristaux d'un blanc jaunâtre : ce sont ces cristaux qu'on emploie à la confection des amorces. Voici comment on s'y prend.

On lave avec soin le sel, on le broie pendant qu'il est encore très-mouillé, on le tamise, et on le laisse égoutter. Lorsqu'il ne contient plus qu'environ 20 pour 100 de son poids d'eau, on le mêle et on le broie avec quatre dixièmes de son poids de nitre ou de pulvérin, sur une table de marbre, au moyen d'une molette en bois de gaïac. L'addition du salpêtre ou du pulvérin a pour but de diminuer le danger du grenage et du séchage, de rendre la combustion de l'amorce moins rapide et sa flamme plus longue, et d'atténuer la violence du choc, qui sans cela briserait les cheminées des fusils.

On forme de cette poudre une pâte avec de l'eau gommée, on la grène et on l'introduit dans des capsules de laiton. La quantité pour une capsule à fusil de munition est de 40 milligrammes, et de 20 milligrammes seulement pour les fusils de chasse. Les premières capsules sont recouvertes intérieurement d'un vernis de gomme-laque dissoute dans l'alcool ; ce vernis est destiné à préserver de l'humidité le mélange fulminant.

Le fulminate de mercure est un des corps les plus détonants que l'on connaisse : il fait violemment explosion quand on le frotte même légèrement contre un corps dur ; aussi ne le touche-t-on dans les capsuleries et dans les laboratoires qu'avec des cartes ou des baguettes en bois.

TROISIÈME PARTIE

TENTATIVES DE RÉFORME

DANS LA PYROTECHNIE MODERNE

I

La poudre au chlorate de potasse. — Catastrophe d'Essones.
— Abandon définitif du chlorate de potasse.

En 1787, un chimiste illustre, Berthollet (1),
en étudiant les combinaisons du chlore (appelé
de son temps *acide muriatique oxygéné*) avec les
acides. alcalins, observa que le chlorate de potasse possède les mêmes propriétés que le nitrate
de la même base, mais à un bien plus haut

(1) Claude-Louis Berthollet, né au bourg de Talloire, à
8 kilomètres d'Annecy, le 9 novembre 1748, mort à Arcueil
le 6 novembre 1822. On lui doit aussi la découverte du fulminate d'argent, le corps le plus détonant qu'on connaisse.

degré. En mélangeant ce sel avec du soufre, du charbon, du phosphore, il obtint une composition que le choc d'un marteau sur une enclume suffisait pour faire détoner, et qui, broyée rapidement dans un mortier, produisait des jets de flamme pourpre accompagnés de claquements semblables à ceux d'un fouet. Il en conclut qu'une poudre où l'on ferait entrer à la place du salpêtre un agent de combustion aussi actif, aurait une puissance balistique bien plus considérable. Il exécuta aussitôt dans son laboratoire les expériences propres à vérifier cette hypothèse, et elles furent de nature à la confirmer en tous points; il trouva que la poudre au chlorate de potasse avait une force trois fois plus grande que la poudre ordinaire, et que sa préparation n'offrait d'ailleurs ni plus de dangers ni plus de difficultés. Le gouvernement, instruit de ces résultats, non-seulement permit à Berthollet de faire de nouveaux essais, mais encore mit à sa disposition la poudrerie d'Essones. M. Letort, directeur de cet établissement, était plein d'enthousiasme pour le nouveau procédé, dont le succès n'était pas à ses yeux l'objet du doute le plus léger.

On se mit à l'œuvre sans retard. Le jour où commençait la fabrication, Berthollet dînait à la poudrerie. M. Letort l'avait invité à assister aux opérations, comme s'il se fût agi d'une fête. On dîna gaiement, puis, après le dîner, on descendit dans les ateliers. La trituration était en train, et marchait à souhait ; elle s'opérait, comme d'ordinaire, dans les mortiers en bois, et le mélange était humecté.

« Je suis convaincu, dit M. Letort, que cette précaution est inutile, et qu'on pourrait, sans aucun danger, triturer à sec. Tenez, voyez plutôt. »

En parlant ainsi, il s'était mis à écraser avec la pomme de sa canne une petite portion de mélange desséchée sur le bord d'un mortier. Deux secondes après, une effroyable explosion renversait le bâtiment ; M. Letort, sa fille et quatre ouvriers périrent écrasés sous les décombres ; le chimiste échappa au désastre comme par miracle.

La leçon était terrible : elle aurait dû guérir à jamais de l'envie de recourir à un si dangereux auxiliaire ; il n'en fut rien : quatre ans après, le ministre de la guerre, ne pouvant se résigner à renoncer aux avantages que la poudre au chlorate de potasse lui semblait devoir donner aux armées de la république sur celles de la coalition, autorisa de nouveaux essais; il recommanda, à la vérité, de les faire avec toutes les précautions imaginables; mais les précautions furent vaines : une nouvelle explosion et la mort de trois hommes vinrent démontrer une fois de plus l'impossibilité absolue d'appliquer le chlorate de potasse à la fabrication de la poudre.

On sait aujourd'hui qu'en outre des dangers inévitables dont une semblable poudre menacerait les ouvriers et les soldats, elle aurait encore le défaut fort grave de mettre en peu de temps les armes hors de service ou de les faire éclater; qu'en un mot, elle constitue au plus haut point ce qu'on nomme une poudre brisante; et on l'a définitivement abandonnée. Toutefois, en raison de la propriété que possèdent les mélanges du chlorate de potasse avec les corps combustibles, de détoner sous le choc, on les a d'abord employés à la confection des capsules; nous avons vu que dans cette application encore le chlorate de potasse offre des inconvénients qui lui ont fait préférer le fulminate de mercure. Le chlorate de potasse, en tant qu'agent pyrotechnique, est donc condamné sans retour, et confiné dans les laboratoires, où sa richesse en oxygène et son peu de stabilité rendent son rôle suffisamment utile et intéressant.

II

Les fusées de guerre. — Leur ancienneté. — Essais les plus remarquables dont elles ont été l'objet. — Fusées à la Congrève. — Leur valeur réelle.

Tout le monde a entendu parler des *fusées à la Congrève*. Ces projectiles incendiaires furent produits en Europe pendant les guerres de l'Empire; ils tombèrent, après le rétablissement de la paix, dans un oubli qui dura plus d'un quart de siècle, et ne cessa qu'au moment où, vers 1840 et 1841, les démêlés entre la France et l'Angleterre parurent sur le point d'amener une nouvelle collision. A cette époque, bien que l'inventeur ou plutôt le parrain desdites fusées eût cessé de vivre depuis douze ans, elles reparurent tout à coup, non pas, heureusement, sur les champs de bataille, on ne se battit point, mais sur le champ des discussions politiques et scientifiques. Il se fit une grande rumeur dans le public; les Chambres s'émurent, les philanthropes de la presse quotidienne jetèrent tous les feux de leur éloquence contre ce feu de guerre, digne invention, disaient-ils, de nos perfides voisins. Dans les salons, dans la rue, dans les lieux publics, on ne parlait plus que des fusées à la Congrève; mais personne ne savait au juste ce que c'était. C'était, disait-on, un moyen de destruction nouveau, terrible, impossible à combattre,

> Capable de peupler en un jour l'Achéron....

Sa composition était inconnue, mais ses effets étaient diaboliques. Puis venaient les commentaires et les suppositions; beaucoup voyaient dans les fusées à la Congrève une réédition du feu grégeois. Ceux-ci n'étaient pas les plus éloignés de la vérité. Peu à peu la panique s'évanouit à mesure que s'éteignaient les bruits de guerre; on osa alors examiner de plus près le *croque-mitaine* dont on avait eu si grand'peur. Les anciens militaires interrogèrent leurs souvenirs, les savants consultèrent les livres, et l'on ne tarda pas à acquérir la conviction que ces fusées n'étaient ni aussi nouvelles, ni aussi formidables qu'on se les était d'abord figurées, et l'on se vengea par des plaisanteries de l'importance exagérée qu'on leur avait d'abord attribuée. « Bah! disait un antiquaire, c'est une invention *renouvelée des Grecs*. — N'importe! répondait un journaliste, cela fait du bruit et de l'éclat.... »

Au demeurant, les fusées à la Congrève sont purement et simplement des fusées de guerre. Or, pour former une fusée de guerre, il suffit d'ajouter une grenade, un obus ou des matières incendiaires à l'extrémité d'une fusée volante de grande dimension. La matière de l'enveloppe est peu importante : on peut la faire en carton, en bois ou en métal ; la manière de s'en servir n'est aussi qu'une affaire de détail. Le procédé, au fond, reste le même : il consiste à lancer des projectiles détonants ou incendiaires avec des fusées, au lieu de les lancer avec des bouches à feu. Ce que nous savons déjà de l'histoire de la poudre à canon suffirait, à la rigueur, pour nous édifier sur l'ancienneté des fusées et de leur emploi dans la guerre ainsi que dans les fêtes. Toutefois, il ne sera pas sans intérêt de jeter un rapide coup d'œil sur ce qui concerne spécialement cette sorte d'engins; nous verrons que le général Congrève et ses continuateurs n'ont fait que renouveler, avec quelques perfectionnements peut-être, une invention au moins aussi ancienne que celle de la poudre, et des tentatives dont les annales de la chimie et de l'art militaire nous offrent plusieurs exemples suivis d'un médiocre succès.

Nous avons parlé des *madfaa*, des *lances à feu*, etc., dont se servaient les Arabes au temps des croisades; des siphons à main et des tubes de diverses formes qui furent en usage chez les Grecs du Bas-Empire dès le VIIe siècle; enfin, nous avons dit que les mélanges combustibles et même fulminants étaient connus des Orientaux depuis un temps immémorial. Nous n'avancerons rien d'étrange en ajoutant que, selon toute probabilité, les fusées, c'est-à-dire les appareils d'une construction facile, portant en eux-mêmes la cause de leur mouvement, très-propres à frapper vivement les regards et l'imagination, en même temps que capables de porter rapidement la flamme à une grande distance;

les fusées, disons-nous, durent précéder de beaucoup dans la pyrotechnie les armes compliquées et coûteuses adoptées définitivement depuis quatre siècles seulement.

Le juif Benjamin de Tudèle, qui visita la Perse vers 1173, y vit une grande quantité de ces artifices nommés *soleils*, qui ne sont autre chose que des fusées tournantes; il ne parle point de canons ni de mousquets, et lorsque les Portugais abordèrent pour la première fois à Mélinde, en 1498, les Indiens ne cessèrent toute la nuit de tirer des fusées volantes en signe de réjouissance. De même, en Europe, aussitôt que la poudre est connue, on en combine l'emploi avec celui des substances inflammables pour porter au loin l'incendie. En 1378, les Vénitiens se servirent des fusées volantes pour détruire la tour *delle Bebe*, qui faisait partie des ouvrages avancés de Chiozza; et les Padouans, l'année suivante, incendièrent par le même moyen la ville de Mestre. En 1449, Dunois fit jeter des fusées dans la place de Pont-Audemer, et tandis que les assiégés s'efforçaient d'éteindre l'incendie, les Français escaladèrent les remparts.

Vanoccio Biringuccio, dans sa *Pyrotechnie,* ouvrage traduit de l'italien par Jacques Vincent et imprimé à Paris en 1572, donne le moyen suivant *de faire langues à feu pour getter où il vous plaira, attachées à la pointe des lances.* « Pour la défense d'une forteresse, dit-il, ou pour dresser une escarmouche de nuit, ou pour assaillir un camp, c'est chose utile d'attacher à la pointe des lances des gens de cheval et sur la cime des piques des gens de pied, certains *canons de papier posés dans autres de bois* longs de demi-brasse, lesquels vous remplirez de grosse poudre *avec laquelle vous meslerez pièce de feu grégeoix, de soufre,* grains de sel commun, lances de fer, voire brisé, et arsenic cristallin, et le tout pousserez dedans à force, et après avoir mis quelque chose au devant, tournerez l'issue du feu contre vos ennemis... et peut cette façon de langue grandement servir à ceux qui veuillent faire profession des armes sur la mer. »

Les fusées volantes et meurtrières sont également décrites avec détail dans un manuscrit intitulé *Petit Traité contenant plusieurs artifices de feu,* et qui passait pour fort ancien en 1561. Louis Collado, ingénieur militaire au service de l'empereur Charles-Quint, nous apprend, dans son *Manuel d'Artillerie*, qu'en 1586 on se servait de fusées pour éclairer les environs des places assiégées, et pour mettre en déroute la cavalerie; il veut qu'on ajoute à ces fusées des pétards pour les rendre plus dangereuses, et qu'on les lance à l'aide d'un long tube pour augmenter leur portée. En 1630, l'auteur anonyme des *Récréations mathématiques, composées de plusieurs problèmes plaisants et facétieux*, donnait la description d'un mécanisme propre à diriger les fusées pour brûler les navires, les maisons, etc. Ce mécanisme consistait en une table à bascule, qu'on fixait au degré convenable d'inclinaison, en visant le but qu'on voulait atteindre. Vers la même époque, Hanzelet recommandait, dans son *Recueil de plusieurs machines militaires et feux artificiels*, etc., d'employer contre la cavalerie des fusées armées d'un pétard ou d'une grenade; et l'ingénieur allemand Furtembach (1) décrivait dans son traité d'artillerie, intitulé *Ha-*

(1) Né en 1591 à Leutkirch en Souabe, mort à Ulm en 1667.

linitro - Pyrobolia, des espèces de boucliers surmontés d'un tube qui servait à lancer des grenades à main et des fusées. D'après le même Furtembach, les Barbaresques et les musulmans faisaient grand usage de ces armes dans les combats de mer.

Voilà déjà le général Congrève devancé de bien loin dans son idée. Si l'on en croit des récits qui ne manquent pas de vraisemblance, il fut en outre surpassé de beaucoup par des devanciers plus modernes.

En 1755, l'usage des fusées, toujours très-suivi en Orient, était en Europe abandonné presque entièrement depuis un siècle, si ce n'est pour les feux de réjouissance et pour les signaux, lorsqu'un nommé Dupré de Grenoble, qui exerçait à Paris la profession d'orfévre et cherchait à imiter le diamant, trouva, dit-on, par hasard et fort innocemment, un liquide inflammable et détonant d'une puissance extraordinaire. Dupré fit informer de sa découverte le roi Louis XV, qui, après avoir assisté à des essais faits en petit dans le parc de Versailles et à l'arsenal de Paris, envoya l'inventeur dans quelques ports de mer, pour y opérer en grand

contre les vaisseaux anglais qui croisaient le
long de nos côtes. (Nous étions alors en guerre
àvec nos voisins d'outre-Manche.) Le liquide
fulminant produisit des effets tels, que les artil-
leurs et les marins français eux-mêmes en furent
épouvantés, et que, sur les rapports qu'il en
reçut, Louis XV déclara ne vouloir pas faire
usage d'un agent aussi destructeur, et défendit
expressément d'en publier la composition. Dupré
reçut, moins sans doute comme récompense de
sa découverte que comme encouragement au
silence, le cordon de l'ordre de Saint-Michel
et une pension considérable. Son secret mourut avec lui. Quinze ans plus tard, sous le
ministère du chancelier Maupeou et du duc
d'Aiguillon, l'artificier Torré retrouva, si l'on
en croit M. Coste, le prétendu secret du feu
grégeois. M. Coste rédigea lui-même, au nom
de cet artiste, un mémoire où celui-ci promet-
tait de lancer à quatre cents toises, au moyen
d'un *canon en bois* très-léger et facile à manœuvrer, sept flèches à la fois, lesquelles s'enflam-
meraient en tombant et mettraient le feu autour
d'elles. Il paraît qu'aucune suite ne fut donnée
à cette proposition, car l'artificier Torré et son

feu grégeois sont demeurés dans l'oubli. Cependant tout n'est pas invraisemblable dans le récit de M. Coste. En effet, les flèches pouvaient bien être une espèce d'*allumettes chimiques* de grande dimension ; pour ce qui est du canon en bois et de sa portée de quatre cents toises , nous nous permettrons, jusqu'à meilleur avis, de ne lui pas accorder une créance absolue ; mais, réduite à ses proportions les plus acceptables, l'invention de Torré n'est pas sans intérêt, et vaut au moins, ce nous semble, les fusées à la Congrève, sur lesquelles elle a en tout cas, ainsi que celles précédemment citées, l'avantage d'une priorité incontestable.

Mais voici des faits significatifs et sur l'authenticité desquels on ne peut élever le moindre doute : le roi Tipoo-Saëb, assiégé par les Anglais dans Seringapatam en 1798, leur avait causé des pertes énormes en lançant contre eux des fusées en fer, armées de baguettes de bambou , et pesant de 500 grammes à 4 kilogrammes. Aussitôt que cette circonstance fut connue en France, l'artificier Ruggieri se mit à fabriquer des projectiles de ce genre, dont il livra notamment une grande quantité à un armateur de Bordeaux. Vers le même temps, le mécanicien Chevallier était parvenu à fabriquer des fusées incendiaires d'une puissance terrible, et dont l'eau même, assure-t-on, ne pouvait arrêter les effets. Le Directoire ordonna des expériences, qui eurent lieu à Vincennes, à Meudon, puis à Brest, et donnèrent des résultats satisfaisants. Chevallier s'occupait de perfectionner son procédé, lorsque le gouvernement consulaire, ayant remplacé le Directoire, crut devoir prendre des mesures sévères contre les individus qui, pendant la révolution, s'étaient fait remarquer par leur exaltation républicaine : Chevallier était de ce nombre. Soupçonné de donner à ses compositions incendiaires une destination criminelle, il fut arrêté et incarcéré. On ne trouva cependant contre lui aucune charge sérieuse, et il allait être élargi, quand éclata la conspiration de la rue Saint-Nicaise contre la vie du premier consul. Chevallier fut accusé de complicité dans cet attentat, traduit devant un conseil de guerre, condamné et exécuté dans les vingt-quatre heures, sans avoir pu confier à personne le secret de sa découverte.

Ruggieri, de son côté, essaya vainement de

faire adopter ses fusées pour l'usage des armées régulières de terre et de mer, bien qu'il fût appuyé dans sa demande par les généraux Elbé, Lariboissière et Marescot. En 1805, le général anglais sir William Congrève (1) fut plus heureux auprès de son gouvernement. Les premières fusées qu'il fit exécuter pour le service des troupes britanniques étaient garnies seulement de matières incendiaires, circonstance qui contribua, non sans raison, à les frapper de discrédit. En effet, elles étaient ainsi peu dangereuses, et également faciles à éviter et à éteindre. En 1806, lorsque les Anglais en firent le premier essai devant Boulogne, elles causèrent un médiocre dégât, et devinrent l'objet des plaisanteries de nos marins et de nos soldats. Elles reparurent néanmoins l'année suivante au siége de Copenhague, et le général Congrève parvint, en dirigeant lui-même leur emploi, à incendier une grande partie de la ville. Il fut envoyé en 1809 dans la rade *des Basques*, avec un approvisionnement considérable de ces projectiles, dont on distribua

(1) Né le 20 mai 1772 dans le Staffordshire, mort à Toulouse en 1828.

douze cents sur différentes parties du gréement des brûlots; puis il rejoignit l'expédition de Walcheren avec un approvisionnement semblable. Plus tard, un corps de *fuséens* fut formé à Woolwich sous le commandement du capitaine Bague; ce corps fut le seul détachement anglais qui prit part à la journée de Leipzig : le capitaine Bague y fut tué. On fit peu d'usage des fusées en Espagne; mais elles contribuèrent puissamment à protéger le passage de l'Adour par une brigade de la garde. Les fusées furent encore employées avec des succès divers aux siéges de Dantzig, Flessingue, Plattsburg, Norfolk, Lewiston, Stonington; il y eut aussi des fuséens anglais à Waterloo.

Le général Congrève introduisit cette espèce d'armes dans la Compagnie des Indes, et il établit en 1817 un atelier de fabrication dont les produits étaient spécialement affectés à l'usage de cette société.

Les fusées à la Congrève ont eu, cela devait être, des partisans et des détracteurs, et ni les uns ni les autres n'ont su rester impartiaux et se tenir en garde contre l'exagération. Les hommes compétents qui ont jugé de sang-froid ce procédé lui accordent en général peu d'importance; sans doute on ne doit point méconnaître les services qu'il peut rendre dans les siéges et dans les combats maritimes; mais il s'en faut qu'il soit propre aux opérations de campagne, et destiné, comme le prétendait son promoteur, à remplacer un jour totalement les fusils et les canons.

Depuis le rétablissement de la paix, les divers gouvernements de l'Europe ont fait faire, chacun en son particulier, des recherches tendant à perfectionner et à rendre plus terribles les fusées de guerre; mais ces travaux sont tenus secrets, et ce qui en a pu transpirer çà et là ne saurait nous fournir matière à dissertation. Ce que nous croyons pouvoir affirmer, c'est que dans l'état actuel de l'art pyrotechnique, les fusées et en général les projectiles incendiaires ne constituent ni une invention nouvelle, ni même un perfectionnement notable; qu'ils sont à peu près aujourd'hui ce qu'ils étaient au début, et que leur rôle n'est encore que secondaire. Peut-être une guerre sérieuse éclatant en Europe viendrait-elle nous les montrer sous un nouveau jour; mais jusque-là, et nous prions Dieu que l'occasion d'éprouver de nouveau leur puissance ne se présente jamais, nous n'aurons probablement point lieu de revenir sur notre jugement.

III

Le pyroxyle (1). — Expériences de MM. Braconnot, Pelouze et Schoubein. — Effet produit par l'apparition du pyroxyle. — Sa préparation, — ses propriétés, — ses avantages et ses inconvénients. — Ses diverses applications.

Voici une véritable découverte, tout à fait récente, et qui, si son importance est contestable sous le rapport militaire, restera du moins un des faits les plus intéressants de l'histoire de la chimie.

En 1832, un chimiste de Nancy, M. Braconnot, s'avisa de traiter l'amidon par l'acide azotique concentré; il obtint ainsi une dissolution qui, étendue d'eau, laissait précipiter une poudre blanche non encore observée

---

(1) De πῦρ, feu, et ξύλον, bois, ou, en terme de chimie et de botanique, *ligneux.*

jusque alors. Cette poudre, que M. Braconnot appela *xyloïdine* (1), présentait entre autres caractères celui très-saillant d'une extrême combustibilité. Six ans après, M. Pelouze reprit l'étude de ce corps, l'analysa, en détermina la formule, et ayant répété sur les matières ligneuses telles que les tissus de coton, de lin et de chanvre, le papier, la sciure de bois, etc., l'expérience faite par M. Braconnot sur l'amidon seulement, il reconnut que ces substances, plongées pendant quelques minutes dans l'acide azotique, puis lavées à l'eau commune, acquéraient la propriété de s'enflammer avec la plus grande facilité et de brûler avec énergie. M. Pelouze eut alors l'idée que la xyloïdine obtenue au moyen du papier ou du linge « serait susceptible de quelques applications, *particulièrement dans l'artillerie,* » et il en confia un échantillon à M. Haquien, officier de cette arme, en le priant d'examiner si l'on en pourrait tirer parti. Mais M. Haquien mourut avant d'avoir rien tenté ; M. Pelouze fut détourné de cette préoccupation, et le silence se fit une seconde fois sur cette décou-

(2) De ξύλον, bois, et εἶδος, aspect, apparence.

verte, dont tout l'honneur revient de droit à MM. Pelouze et Braconnot, celui-ci ayant indiqué la voie, celui-là l'ayant ouverte et frayée, et ayant clairement montré le but.

On n'y songeait plus lorsque le 5 octobre 1846 l'Académie des sciences reçut un rapport dans lequel M. Schoubein, chimiste bâlois, s'annonçait comme ayant trouvé le moyen de convertir le coton en une substance douée d'une propriété explosive supérieure à celle de la poudre. M. Schoubein décrivait minutieusement tous les caractères de cette substance, qu'il appelait *poudre-coton*; seulement il se gardait de dire comment il l'avait obtenue, et déclarait vouloir se réserver le secret de sa préparation; mais il en avait dit assez pour que son secret ne fût pas difficile à deviner. A peine eut-on entendu la lecture de son rapport qu'on se souvint de la xyloïdine de M. Braconnot, et que M. Pelouze, rappelant ses travaux sur cette substance et les idées qu'il en avait conçues, annonça qu'il ferait quand on le voudrait de la *poudre-coton* aussi bien que M. Schoubein; en effet, sans plus de mystère il décrivit en quelques mots le procédé fort simple au moyen duquel on peut le préparer. Dès le lendemain, tous les chimistes de Paris faisaient de la poudre-coton, et huit jours ne s'étaient pas écoulés que le secret de M. Schoubein était devenu celui de la France entière. Son succès d'ailleurs fut immense au début : les jeunes gens qui étudiaient la chimie au moment de l'apparition du coton-poudre, négligèrent pendant un mois tout autre travail; le laboratoire de M. Pelouze, notamment, était devenu un véritable arsenal; c'était à qui, parmi ses vingt ou vingt-cinq élèves, apporterait des pistolets et des fusils pour essayer le nouvel agent balistique. Dans le monde, la curiosité n'était pas moins vive : chacun voulait voir, toucher, examiner la miraculeuse substance; on s'en disputait les échantillons, et les personnes qui, à Paris, pouvaient s'en procurer soit directement, soit indirectement, en envoyaient à leurs parents et amis des départements sous l'enveloppe de leur correspondance.

Comme on devait s'y attendre, cet engouement du public produisit bientôt chez les savants, et surtout chez les hommes spéciaux, une réaction de défaveur et d'incrédulité, à laquelle des expériences incomplètes et des renseignements inexacts semblèrent un instant donner l'avantage. C'est ainsi que deux officiers d'un savoir éminent et d'un mérite reconnu, MM. les colonels Morin et Robert, n'ayant eu évidemment entre les mains que du coton-poudre mal préparé, vinrent dire à l'Académie des sciences « que le coton-poudre laissait un résidu formé d'eau et de charbon; que sa combustion ne donnait lieu qu'à un faible dégagement de chaleur et qu'elle produisait peu de gaz, à tel point que le gaz s'échappait quelquefois en totalité par la lumière du fusil et par le vent du projectile sans déplacer celui ci; que le volume des charges les plus faibles était en général très-considérable et excédait celui qu'il est convenable d'affecter à la charge des armes à feu, etc.... » L'erreur était palpable pour quiconque avait eu entre les mains du véritable coton-poudre; aussi dut-elle bientôt s'effacer devant l'évidence; et l'importance réelle du coton-poudre fut si bien reconnue, qu'une commission fut chargée par le ministre de la guerre d'examiner attentivement ce produit et les applications dont il est susceptible.

La révolution de Février est venue interrompre les travaux de cette commission, et nous ne sachons pas qu'on soit encore arrivé à une conclusion officielle; mais pour les expérimentateurs qui ne sont soumis ni aux lenteurs ni aux vicissitudes des commissions, le coton-poudre est aujourd'hui bien connu, et l'on est parfaitement édifié sur les avantages et sur les inconvénients que présenterait son emploi dans l'artillerie et la pyrotechnie. Nous allons essayer d'en donner une idée.

Le produit qui nous occupe a reçu successivement plusieurs noms. Nous avons vu que M. Braconnot l'appela *xyloïdine* à cause de sa ressemblance avec le ligneux. M. Pelouze ne changea point ce nom, bien que le corps qu'il obtint différât sous certains rapports de celui observé par M. Braconnot. Quant au nom de *coton-poudre*, imaginé par M. Schoubein, bien qu'il soit généralement usité, il a, ainsi que celui de *fulmi-coton*, deux inconvénients : le premier, purement formel, de sonner désagréablement aux oreilles de ceux qui, suivant le précepte d'Horace, veulent que les mots de nouvelle création, les mots scientifiques surtout, soient empruntés à la langue grecque, *græco fonte cadant...*; le second, beaucoup plus fâcheux, de donner de l'objet qu'il désigne une notion doublement fausse. En effet : 1° le *coton-poudre* n'est nullement une *poudre*; 2° il s'en faut que le coton ait seul le privilége de devenir inflammable et détonant par suite d'une immersion dans l'acide azotique : la plupart des tissus végétaux partagent avec lui cette propriété. Il fallait donc trouver une dénomination qui joignît à l'avantage d'une origine hellénique celui de s'appliquer indistinctement à tous les produits de la combinaison du ligneux avec les éléments de l'acide azotique. Celle de *pyroxyle* réunit toutes les conditions désirables d'euphonie, de *noblesse* et de précision. Nous l'emploierons donc désormais de préférence.

La préparation du pyroxyle est des plus simples. On prend de l'acide azotique, non pas *l'eau-forte* du commerce, mais l'acide porté au point le plus élevé de concentration, ne contenant plus qu'un *équivalent* d'eau, dégageant au contact de l'air d'abondantes vapeurs blanches, et appelé pour ce motif *acide azotique fu-*

mant. Il est bon de le mélanger avec son volume d'acide sulfurique ordinaire (communément, *huile de vitriol*), corps très-avide d'eau, et qui s'empare non-seulement de celle que peut contenir l'acide azotique, mais encore de celle qu'il prendrait à l'atmosphère ambiante. Le liquide doit être mis dans un vase en verre ou en porcelaine muni d'un couvercle. On y plonge le linge, l'ouate, le papier, etc., qu'on veut transformer en pyroxyle. Après un bain de dix à douze minutes, on retire la matière solide avec une baguette de verre, et on la comprime au fond d'un verre conique à demi renversé, afin de la débarrasser autant que possible de l'excès d'acide qu'elle a emporté avec elle ; puis on la lave à grande eau (1). Lorsqu'elle n'a plus aucune saveur acide, on la sèche, soit au moyen d'un fer à repasser, soit à un courant d'air chaud, soit simplement à l'air libre, ce qui est lent, mais plus sûr.

La plupart des essais relatifs au pyroxyle ont

____

(1) Si l'on opère sur de l'ouate, il faut, en la lavant, la détirer soigneusement avec les doigts, ou mieux avec une petite carde faite exprès, afin que l'eau pénètre bien dans les interstices.

été faits sur du coton non cardé ; on peut cependant opérer avec le même succès sur du linge blanc et sur le papier dit *papier-ministre*. Le papier ordinaire, manquant de consistance, se désagrége et tombe en bouillie dans l'acide ; mais le coton non cardé étant une denrée qu'on peut aisément se procurer en grande quantité et à bon compte, on le préfère généralement. Son poids, lorsqu'il est converti en pyroxyle, augmente de 72 pour 100.

Le pyroxyle conserve, à peu de chose près, les caractères physiques de la matière première ; il est seulement un peu moins blanc et plus roide au toucher. C'est un composé d'une extrême instabilité, et, comme les produits de sa décomposition sont tous gazeux, il brûle sans fumée et sans résidu. Sa force explosive est presque le triple de celle de la poudre, puisque 5 grammes de pyroxyle produisent sur un projectile le même effet que 13 ou 14 grammes de poudre. On a prétendu que la vapeur d'eau qui se dégage de sa combustion oxyderait les armes. Il n'en est rien ; sa combustion est accompagnée d'une élévation de température telle, que tous les gaz sont chassés instantanément. Sa fabrication, comme on en a pu juger, est prompte et facile, et de graves imprudences pourraient seules la rendre dangereuse.

Le pyroxyle est à la fois commode à transporter et à manier; il ne salit ni les armes ni les mains, et n'a rien à craindre de l'humidité. On peut impunément le laisser huit jours dans l'eau; il suffit de l'en retirer et de le sécher pour lui rendre toute sa vertu; mouillé par l'eau de mer, il n'a besoin que d'être lavé à l'eau douce comme au moment de sa préparation. Mélangé avec 8 à 10 pour 100 de son poids de salpêtre, il remplacerait avec économie la poudre de mine. L'addition du salpêtre a pour but d'empêcher la production de l'oxyde de carbone, gaz très-vénéneux qui compromettrait la sûreté des mineurs; elle augmente en même temps de moitié sa force explosive.

Voilà certes de précieuses qualités, et l'on s'étonne au premier abord qu'elles n'aient pas fait adopter d'emblée le pyroxyle à la place de la poudre; mais en y réfléchissant on conçoit que les hommes de l'art ne se soient pas décidés du jour au lendemain à abandonner un agent éprouvé par de longs services, et qu'une expérience de plusieurs siècles leur a rendu familier, pour en adopter un sur lequel leur jugement n'a encore eu ni le temps ni l'occasion de se former. Il faut ajouter que si le pyroxyle présente des avantages, on lui trouve aussi des inconvénients.

Un des plus sérieux est, pour quelques personnes, cette combustion sans fumée, qui, dans une bataille, laissant les combattants à découvert, donnerait au tir une justesse formidable; et M. Figuier dit (1) avoir entendu des marins affirmer « qu'à bord des navires l'usage du coton-poudre rendrait les combats entièrement impossibles, attendu qu'au bout d'une heure d'engagement, les deux vaisseaux seraient, chacun de son côté, mis en pièces. » — Nous pourrions, pour toute réponse à cette objection, renvoyer le lecteur à notre note de la page 108. Nous ajouterons néanmoins ici quelques mots.

Nous l'avons dit : selon nous, tout perfectionnement dans les moyens de destruction est, en dernière analyse, un bienfait pour l'humanité.

(1) *Histoire et exposition des principales découvertes modernes.*

Or, ce qu'on reproche au pyroxyle est précisément ce qui constitue à nos yeux son principal mérite. En effet, qu'arriverait-il si l'on se décidait à l'employer à la guerre? qu'au lieu de 10,000 hommes, par exemple, il en périrait 20,000 dans une bataille rangée? ou que, dans un combat sur mer, deux navires ennemis échangeraient des bordées jusqu'à ce qu'ils fussent tous deux anéantis? Nullement; mais il arriverait qu'au lieu de durer une journée, la bataille n'en durerait que la moitié, et se terminerait ayant coûté probablement moins de sang, et à coup sûr moins de temps et de munitions; et que le combat naval, au lieu de se prolonger pendant une heure, se terminerait au bout de dix minutes, après lesquelles l'un des deux navires au moins se tiendrait pour battu et renoncerait à la lutte. Mais quoi! les marins dont M. Figuier invoque le jugement ne disaient-ils pas que le combat sur mer serait *impossible?* Impossible, eh! quel philanthrope sincère, quel chrétien peut ne pas s'en réjouir? La guerre impossible, nous le répétons, voilà le résultat final des progrès de l'art militaire : et qui sait s'il ne faut pas voir là une des admirables manifestations de la sagesse et de la bonté divines?

Mais revenons à des considérations plus à la portée de notre faible entendement, et voyons ce que les adversaires du pyroxyle lui reprochent encore. Sa force explosive trop grande, disent-ils, sa combustion trop rapide en font une poudre brisante. Pourtant des personnes dignes de foi assurent qu'en Allemagne et en Angleterre on a pu s'en servir pour charger pendant longtemps les mêmes armes, sans que celles-ci fussent détériorées et sans qu'aucun accident arrivât. Un défaut mieux constaté du pyroxyle résulte des difficultés et des dangers qui accompagnent son emmagasinage et sa conservation. Bien qu'hermétiquement enfermé et gardé dans un lieu très-sec, il s'altère sensiblement dans l'espace de cinq à six mois, cette altération présente même tous les caractères d'une véritable fermentation, et se produit avec un dégagement de chaleur qui peut occasionner les plus graves accidents. M. Maurey, directeur de la poudrerie du Bouchet, n'attribue pas à une autre cause l'explosion survenue à Vincennes le 25 mars 1847, et la catastrophe qui arriva le 17 juillet 1848 au Bouchet même (1). Disons-le toutefois, la rapidité avec laquelle le pyroxyle peut être préparé nous semble un préservatif contre de semblables malheurs. En effet, ce produit n'exigeant pas, comme la poudre, de longues et minutieuses opérations, pourrait être fabriqué presque au moment même, au fur et à mesure de sa consommation ; ce serait en même temps une occasion de débarrasser plusieurs centres de population du voisinage fort peu rassurant des poudrières, où l'on est obligé d'entasser les barils de poudre par centaines (2), et qui, malgré toutes les précautions que l'on prend, malgré aussi la bénignité tant vantée de leur contenu, donnent pourtant lieu, de temps à autre, à de déplorables sinistres.

(1) Quatre ouvriers étaient occupés à embariller 1,600 kilogr. de coton-poudre, lorsque le magasin sauta. Les quatre ouvriers furent tués, et trois autres blessés : le bâtiment fut détruit de fond en comble et le sol creusé jusqu'à 4 mètres de profondeur. Les barils où était le pyroxyle étaient réduits en poudre impalpable, les poutres des charpentes hachées en morceaux, près de deux cents arbres, environnant la manufacture, déracinés ou coupés comme par une trombe, et des matériaux de toute espèce projetés à une distance de 300 mètres.

(2) Nous citerons entre autres la poudrière de Cherbourg, placée, non pas *auprès*, mais au *centre même* de la ville, et qui contient environ 90,000 kilogr. de poudre.

Enfin, il est prouvé par des calculs exacts que, compte tenu de sa force balistique bien supérieure, le pyroxyle reviendrait un peu plus cher que la poudre. Reste à savoir si les avantages qui résulteraient de son emploi ne seraient pas de nature à compenser cette légère augmentation de dépense, et si d'ailleurs elle ne disparaîtrait pas avec le temps par les perfectionnements que l'habitude et l'expérience amèneraient nécessairement.

En résumé, nous avouons, pour notre part, être de ceux qui croient que le résultat de la comparaison entre la poudre et le pyroxyle est favorable au dernier. En effet, on n'oppose guère à ses incontestables avantages que des défauts contestables et auxquels, en admettant toute leur réalité, il serait facile d'obvier. Mais la poudre, qui, par le résidu solide que laisse sa combustion, encrasse les armes en peu de temps; qui, par le frottement de ses grains les uns contre les autres, éprouve inévitablement dans les transports, dans la fabrication et le maniement des cartouches, un déchet considérable; qui salit les mains, le visage et les vêtements; qu'un peu d'eau transforme en bouillie

impropre à tout usage ; qui enfin s'écoule jusqu'au dernier grain par la moindre ouverture
faite à ses enveloppes : la poudre est-elle donc
exempte d'inconvénients? Et si nous voulions
retracer ici les malheurs qu'elle a causés, croit-
on qu'il nous fût difficile de produire une longue
liste de victimes?... Mais quoi ! nous sommes
ainsi faits : nous oublions volontiers les épreuves
qu'il nous a fallu traverser pour arriver à un
usage à peu près commode et sûr de nos anciens
instruments; et lorsque apparaît un procédé
nouveau, nous voudrions que du premier coup,
et comme par enchantement, il atteignît la perfection ! Ainsi le pyroxyle a sept années d'exis-
tence : à peine l'a-t-on étudié, à peine s'est-on
enquis des améliorations qu'il comporte, des
ressources qu'il peut offrir; et de ce que ces
améliorations n'ont pas été réalisées dès le début, de ce que ces ressources n'ont pas frappé
leur vue au premier coup d'œil, des observa-
teurs superficiels se hâtent de conclure que le
pyroxyle est sans valeur !... Toutefois le dernier
mot n'est pas dit encore, et si le pyroxyle doit
être définitivement condamné, nous espérons du
moins que ce sera après un examen approfondi

de sa cause, et sur des preuves plus convaincantes que celles qui ont été fournies jusqu'à présent.

A l'époque où un engouement exagéré saluait l'apparition du coton-poudre, quelques enthousiastes voulurent en faire une sorte de panacée universelle. Un physiologiste prétendit que, si le pyroxyle était bon à tuer les êtres vivants, il était aussi, en sa qualité de substance azotée, très-capable de contribuer à leur conservation ; et il adressa à l'Institut un rapport dans lequel il affirmait avoir nourri des chiens avec ce produit : à la vérité, il avouait avoir donné en outre à ces animaux une certaine quantité de riz... Ce fait nous rappelle le caillou qu'un mendiant portait toujours dans sa besace, et qu'il donnait aux bonnes gens de qui il recevait l'hospitalité, comme propre à faire d'excellente soupe ; seulement il priait toujours que, *pour rendre la soupe encore meilleure*, on mît dans la marmite, avec le précieux caillou, un morceau de lard et des légumes...

On s'avisa de substituer aux machines à vapeur des machines à pyroxyle, où les gaz que ce corps dégage en brûlant joueraient le rôle de la vapeur d'eau. On devine aisément quel triste résultat dut avoir la mise en pratique de cette théorie : autant valait mettre un baril de poudre à la place de la chaudière!

Le pyroxyle est aujourd'hui employé avec succès par les artificiers, qui le préparent avec de la paille ou de la sciure de bois, puis le trempent dans des dissolutions de sels de strontiane, de cuivre, de baryte, et obtiennent ainsi de belles flammes rouges, vertes et blanches.

La médecine en a aussi tiré parti comme d'un tonique pour le pansement des plaies paresseuses; et un médecin de Boston (États-Unis), M. Maynard, ayant observé que le pyroxyle dissous dans l'éther donne une sorte de vernis siccatif doué d'une force d'adhésion et d'une ténacité remarquables, a eu l'heureuse idée d'employer au pansement des plaies ce nouvel onguent, qu'il a nommé *collodion*, et il en a obtenu les meilleurs résultats. Il suffit de rapprocher les lèvres de la plaie et de les enduire avec un pinceau d'une couche de collodion pour amener une cicatrisation aussi sûre que rapide. Le collodion est aujourd'hui en usage dans tous les hôpitaux de Paris, et l'on n'a qu'à se féliciter de ses effets.

« Ainsi, comme la lance d'Achille, dit M. Figuier, la poudre-coton peut guérir les blessures qu'elle a causées. Si donc, contre toute attente possible, il fallait un jour renoncer à consacrer le coton-poudre aux usages de la guerre, sa découverte ne serait pas encore restée absolument stérile, puisqu'elle aurait au moins servi à étendre les ressources de l'art chirurgical. Destiné dans l'origine à devenir un instrument de destruction, ce singulier produit aurait plus pacifiquement terminé sa carrière, en prenant place parmi les salutaires moyens de la chirurgie moderne. Et trop heureuse l'humanité si tant d'inventions meurtrières créées pour semer autour de nous le deuil et les funérailles, se trouvaient, par quelque revirement subit, heureusement transformées en autant de baumes bienfaisants propres à panser nos blessures et à calmer nos douleurs (1)! »

(1) Ouvrage cité plus haut.

FIN

TABLE

Les Télégraphes. 1

Les Feux de guerre. — Introduction. . . . 75

Première partie. — Le Feu grégeois. 79

Deuxième partie. — La Poudre a canon. . . . 95

Troisième partie. — Tentatives de réforme dans la pyrotechnie moderne. 151

Tours.—Imp. MAME

BIBLIOTHÈQUE DES ÉCOLES. — 2e SÉRIE.

Catastrophes célèbres (les), par C. G.
Colonies françaises (histoire des), par J.-J.-E. Roy.
Conquérants célèbres (les), par C. G.
Danemark et Norwège (histoire de).
Délassements instructifs (les), par A. Mangin.
Drames moraux pour les jeunes gens.
Drames moraux pour les jeunes personnes.
Émile Defaix, ou le Modèle des Ouvriers.
Hermance, ou l'Éducation chrétienne.
Histoires instructives, par M. de Chavannes.
Hugues Capet et son époque.
Mœurs des Israélites, par Fleury.
Naufrage et Aventures du capitaine Wilson.
Navigation aérienne (la) par A. Mangin.
Olivier de Clisson, par J.-J.-E. Roy.
Père des Pauvres (le).
Pie IX, nouvelle biographie.
Portugal (histoire de).
Quatre Nouvelles, par l'abbé Jouhanneaud.
Récits d'un instituteur, par l'abbé D. Pioart.
Récréations technologiques.
Russie (histoire de).
Saint Alphonse de Liguori, par D. S.
Saint Ambroise (vie de), par D. S.
Saint Bernard (vie de), par D. S.
Saint Paul, apôtre des Gentils.
Sainte Adélaïde (histoire de).
Sainte Geneviève, patronne de Paris.
Sainte Monique (vie de), par D. S.
Sixte Quint (histoire du pape).
Souvenirs du Sacré-Cœur de Paris.
Théodule, ou l'Ami des malheureux.
Variétés industrielles, par A. Mangin.
Vengeance chrétienne (la).
Vie et Aventures du comte Béniowski.
Vie (la) et les Vertus de la sœur Ste-Victoire.
Voyages dans l'océan Pacifique.
Voyages en Sibérie, recueillis par Kubalski.
Voyages entre la Baltique et la mer Noire.
Voyages et Découvertes en Océanie.

APPROUVÉE
PAR
Mgr l'Archevêque de Tours